☞ *Inhalt*

MARIUS SCHNEIDER

Trainingsbuch Bodenarbeit

GYMNASTIZIERENDE AUSBILDUNG FÜR JEDES PFERD

MIT KOSMOS MEHR ENTDECKEN
Grundlagen
— Schritt
für Schritt
SEIT 1822

KOSMOS

ZU BEGINN

»Alles Glück der Erde liegt auf dem Rücken der Pferde, aber alles Glück der Pferde ist der Reiter auf der Erde.«

Werner Storl

In diesem Spruch steckt viel Weisheit – und darum schreibe ich dieses Buch.
Seit Jahren reise ich als Ausbilder in viele Länder der Erde. Freizeit- sowie Berufsreiter aus aller Welt kommen auch zu mir nach Lüdinghausen, ins schöne Münsterland. Hier auf dem Gestüt Moorhof möchten sie die unterschiedlichen Kommunikationswege zwischen Mensch und Pferd erkennen und verstehen lernen oder ihr Wissen erweitern.
Was mich immer wieder verwundert, ist die Tatsache, dass die Bodenarbeit häufig als Nebensache zum Reiten angesehen wird. Schauen wir genauer hin, so ist es doch die Bodenarbeit, die Pferdemenschen auf der ganzen Welt, unabhängig von der bevorzugten Disziplin oder Pferderasse, miteinander verbindet.
Jeder Mensch, der mit Pferden umgeht, kommuniziert am Boden mit ihnen: Das Pferd wird vom Paddock, aus dem Stall oder von der Weide geholt, zum Putzplatz geführt und dann weiter zum Trainingsplatz. Erst mit dem Aufsitzen wird der Mensch zum Reiter! Bis zu diesem Zeitpunkt können bereits jede Menge Missverständnisse entstanden sein. Die scheinbar unwichtigen kleinen Interaktionen tragen entscheidend dazu bei, ob sich das anschließende Reiten harmonisch gestalten kann und wird.

WARUM ICH DIESES BUCH SCHREIBE

Aus diesem Grund ist es mir ein Anliegen, Ihnen, liebe Leserinnen und Leser, eine solide Grundausbildung im Bereich der Bodenarbeit vorzustellen. Ich möchte eine Basis schaffen für eine deutliche Verbesserung der Kommunikation und des Teamworks, denn ein Zusammenspiel kann nur dann funktionieren, wenn sich beide Parteien verstehen. Dabei bezieht sich das „Verstehen" auf die kommunizierenden Signale, aber auch auf einen stressfreien Umgang ohne Ängste und Spannungen. Gern gebe ich Ihnen ein Konzept an die Hand, nach dem Sie systematisch für Ihr Pferd ein Gymnastikprogramm am Boden erstellen können. Sie können meinem roten Faden von Anfang bis Ende folgen, genauso gut aber auch einen Direkteinstieg in Ihr Wunschthema wählen.
Dieses Buch soll dazu beitragen, die faszinierenden Möglichkeiten zu erkennen, die uns die Bodenarbeit bietet.

Viel Spaß dabei!

Marius Schneider

Marius Schneider und Team: Pferd, Greifvogel und Hund!

ZUM GELEIT

In der Ritterschaft der Akademischen Reitkunst beschäftigen wir uns mit der Vergangenheit, um für die Gegenwart und die Zukunft zu lernen. Einerseits studieren wir Schriften und Bildzeugnisse der Alten Meister, um zu erfahren was sie konnten und wie sie es erreichten. Andererseits experimentieren wir selbst und versuchen zu verstehen, warum wir es (noch) nicht können und was wir lernen müssen, um die Kunst wieder zum Leben zu erwecken.

Dabei ist es nicht unser Ziel, die Kunst der Vergangenheit zu kopieren, vielmehr wollen wir der Kultur der Reitkunst in der Gegenwart und Zukunft eine Berechtigung geben. Indem wir bei allem, was wir von den Alten Meistern lernen können, zu verstehen suchen, warum sie es taten und was ihre Voraussetzungen waren, können wir entscheiden, wo wir ihre Tradition fortsetzen wollen oder wo es der Zeitgeist und unsere ethischen Ansprüche erfordern, andere Wege zu gehen.

Marius Schneider, Meister der Ritterschaft der Akademischen Reitkunst, hat mit diesem Buch eine wertvolle Sammlung verschiedener Methoden der Arbeit vom Boden erstellt, an deren Wiederentdeckung und Entwicklung er im Laufe der letzten Jahre im Rahmen der Zusammenarbeit in der Ritterschaft ganz wesentlich beteiligt war. Er hat mit eigenen Experimenten und viel Liebe zum Detail maßgeblich zur Entwicklung des fortgeschrittenen Longierens und des „Crossover" beigetragen. Diese Methoden können die alte Pilarenarbeit ersetzen und sind ein pferdefreundlicher Weg, die Hankenbiegung zu erarbeiten. Sie liefern einerseits gute Ergebnisse und können andererseits guten Gewissens gelehrt werden, ohne Menschen oder Pferde einer Gefahr oder einem Zwang auszusetzen.

Seit Jahren war ein Buch über diese neuen Wege in der Bodenarbeit überfällig und ich bedanke mich daher bei Marius Schneider dafür, dass er sich dieser Aufgabe mit dem vorliegenden Werk auf hervorragende Weise angenommen hat.

Bent Branderup Lindegård

BODENARBEIT
—*Eine spannende Reise*

BEZIEHUNGS-BASIS

Bodenarbeit mit Pferden ist immer sinnvoll und sie kann sehr vielfältig sein. Auge in Auge mit dem Pferd zu kommunizieren, ist ein Schlüssel für den Erfolg. Wir können dabei mit offenem Herzen unsere Pferde sehen, erkennen und deuten, um in den unterschiedlichsten Situationen eine passende Reaktion zu erarbeiten und zu vermitteln. Gleichzeitig ist Bodenarbeit ein ideales Fitness-Training für Reiter und Pferd.
Bodenarbeit kann aber noch mehr! Sie kann der Anfang einer gemeinsamen Ausbildungsreise sein und das Fundament für alle Lernziele, die wir als Team erreichen wollen. Die Ausbildung eines Pferdes war und wird auch in Zukunft kein Schnellverfahren sein. Sicherlich gibt es auch unter den Pferden talentierte und weniger begabte Kandidaten. Auch wir Menschen sind mehr oder weniger befähigt für eine bestimmte Sache. Der eine benötigt nur wenige Minuten, während andere eventuell mehrere Stunden für eine Lektion brauchen. Genauso geht es auch unseren Pferden. So kann es sein, dass es dem einen Team schneller gelingt, eine gemeinsame Sprache zu sprechen, um neue Übungen zu erarbeiten und auszuführen, als dem anderen. Nicht zu vergessen ist dabei die vorhandene Ausgangsbasis für die erwartete Entwicklung. Sie ist ebenso ausschlaggebend und mitbestimmend für das Gelingen und den Erfolg.

Vertrauen ist der Schlüssel zum Erfolg.

STARTPUNKT JEDER AUSBILDUNG

In der Ausbildung sprechen wir immer von einer geistigen und körperlichen Entwicklung, die durch Trainingsreize und strukturierte Ausbildungsschritte wachsen kann. Viele Anforderungen, die wir im Laufe der Ausbildung an unser Pferd stellen, sollten deshalb gut vorbereitet werden.
Die Arbeit am Boden hat den Vorteil, dass zunächst einmal nur das Pferd mit sich selbst ins Gleichgewicht kommen muss, um den Erfordernissen neuer Bewegungsabläufe gerecht zu werden. Je leichter diese ausgeführt werden, desto sicherer gelingen sie später mit dem Reiter. Die Bodenarbeit ermöglicht uns eine bessere Verständigung. Sie eröffnet uns die Option, einen Ausbildungsweg einzuschlagen, der beiden Partnern Spaß macht und der außerdem noch einen positiven Effekt auf das Reiten hat. Auch wenn es heißt, „Reiten lernt man nur durch Reiten", wird der aufmerksame Bodenarbeiter sehr schnell die Vorzüge dieser Arbeit schätzen lernen, um sie dann zum Nutzen einer erfolgreichen Ausbildung einzusetzen.
Dieses Buch soll helfen, den uns vertrauten Begriff „Reiter-Hilfen" aus einem anderen Blickwinkel – vom Boden aus – zu betrachten. Es soll aufzeigen und sichtbar machen, warum „Reiter-Hilfen" auch umzusetzen sind, wenn der Mensch mit beiden Füßen bewusst auf der Erde bleibt. Dann, wenn er die Bodenarbeit nutzt und gezielt darauf ausrichtet, eine Verbesserung des Reitens zu erreichen.

NEUE ERFINDUNG ODER WIEDERENTDECKUNG?

Bodenarbeit ist ein alter Hut! Dennoch ist es noch nicht lange her, dass diese faszinierende Möglichkeit, mit dem Pferd eine gemeinsame Zeit zu verbringen, eher Seltenheitscharakter hatte. Sehr oft wurde sie leise belächelt und als sinnlos eingestuft. Andere wiederum empfanden sie als so schwierig, dass sie nur den großen Instituten der Reitkunst, wie beispielsweise der Spanischen Hofreitschule in Wien, vorbehalten war. Dem Freizeitreiter lag es fern, sich gymnastizierend mit dem Pferd am Boden zu bewegen.

Bodenarbeit wirkt sich positiv auf die reiterliche Entwicklung aus.

Diese Zeiten sind vorbei, wenngleich das nicht bedeutet, dass es heutzutage für jedermann völlig normal und logisch ist, am Boden auszubilden. Bodenarbeit wird aber immer beliebter, weil sie uns eine wertvolle Ergänzung zur Arbeit unter dem Sattel bietet – unabhängig von Rasse, Geschlecht oder dem Alter unseres Pferdes. Auch als alleinige Ausbildungsmethodik kann sie das Pferd optimal auslasten. Genau das macht den besonderen Reiz aus!
Ausbildung am Boden kann in allen Grundgangarten durchgeführt werden und sogar in jeder denkbaren Lektion, die wir vom Reiten kennen. Systematisch können alle wichtigen Elemente einer Pferdeausbildung verbessert und ein neues Miteinander gestaltet werden. Außerdem bietet die Bodenarbeit eine sinnvolle Beschäftigungsmöglichkeit, falls das Reiten aus unterschiedlichen Gründen nicht möglich oder nicht erwünscht ist. Im Laufe meiner Ausbildertätigkeit wurde mir immer mehr bewusst, dass es auch viele pferdebegeisterte Menschen auf der Welt gibt, die

Bodenarbeit bietet eine Vielzahl an Gymnastikübungen für das Pferd, wie beispielsweise Galopppirouetten an der Longe.

»Bodenarbeit ist der Überbegriff für eine Vielzahl von unterschiedlichen Möglichkeiten, gemeinsam mit seinem Pferd am Boden Zeit zu verbringen.«

Marius Schneider

keinerlei Reitambitionen haben oder aus gesundheitlichen Erwägungen nicht mehr reiten dürfen. Dennoch haben sie sich mit großer Passion der Ausbildung des Pferdes verschrieben und möchten stetig ihr Wissen erweitern. Ein anderes Betätigungsfeld sehe ich in der Rehabilitation. Als kontrollierte Bewegungstherapie ist Bodenarbeit von großem Wert, wenn Pferde aufgrund gesundheitlicher Einschränkungen als Reitpferd nicht mehr eingesetzt werden sollten. Das Pferd wird weiterhin körperlich und geistig gefordert, ohne mit dem Reitergewicht belastet zu sein.

SEHEN – ERKENNEN – VERSTEHEN

„Wissen ist Grundlage für einen achtungsvollen Umgang mit unseren Tieren. Aus diesem Grund sollte jede Ausbildungsarbeit darauf ausgerichtet sein, bereits vorhandene Kenntnisse zu ergänzen, dabei neue Wege aufzuzeigen und Missverständnisse auszuräumen."
Halten wir es also mit Aristoteles, der „Wissen" trennte in praktisches Wissen, das aus Erfahrung resultiert, und theoretisches Wissen als dem Ergebnis des Denkens. Welchen Stellenwert Bodenarbeit im Wissen des Einzelnen erhält, sei jedem aber selbst überlassen.

So weit, so gut! Aber jede neue Erkenntnis, die der Einzelne zu erwerben hat, fließt ihm nicht von selbst zu, sondern muss erarbeitet werden. Lernen ist die Änderung von Wissen oder Verhalten durch Wahrnehmung von Veränderungen. Gerade im Bereich der Wissensvermittlung ist die Bodenarbeit von hoher Effektivität. Der Mensch lernt auf unterschiedliche Arten, abhängig vom Lerntyp. Beim Reiten geht es neben der korrekten Technik vor allem um das richtige Empfinden für den jeweiligen Moment. Die Schulung eines solchen Gefühls ist sehr schwierig. Dabei kann die Vermittlung von inneren Bildern besonders hilfreich sein.

LERNEN MIT ALLEN SINNEN

Wenn der Mensch sich am Boden mit dem Pferd bewegt, stehen ihm mehrere Arten des Wissenserwerbs zur Verfügung, um die einzelnen Lerninhalte aufzunehmen: kommunikativ im Austausch mit dem Reitlehrer, sensorisch durch das Ausführen von Bewegungsabläufen, auditiv durch beispielsweise theoretische Erläuterungen. Vor allem visuell erfahren wir bei der Bodenarbeit neuen Input, durch das Sehen des eigenen Handelns und durch die direkte Beobachtung des Gegenübers. Durch die Perspektive am Boden erhält der Ausbilder eine komplette Übersicht über die Körperbereiche seines Pferdes. Das Auge wird

Bodenarbeit macht Freude und weckt Begeisterung!

Harmonie ist ein Ziel der Zusammenarbeit am Boden.

Bodenarbeit kräftigt die Hinterhand

geschult und wir lernen, die einzelnen Zusammenhänge zu sehen und die richtige Ausführung von Bewegungen zu beurteilen. Im direkten Dialog mit dem Pferd kann dann viel leichter verstanden werden, warum Wissen um biomechanische Verbindungen eine unabdingbare Voraussetzung für die pferdegerechte Ausbildung ist. Das visuelle Lernen und die daraus resultierenden inneren Bilder unterstützen den reiterlichen Fortschritt enorm.

MOTIVATION UND HANDLUNGSBEREITSCHAFT

Alles, was wir umsetzen wollen und werden, ist abhängig von den Motiven, die uns die gemeinschaftliche Ausbildungsreise antreten lassen. Motivation ist ein Begriff, der in der Wissenschaft sehr unterschiedlich übersetzt wird. Überträgt man dies auf das Reiten, müssen wir eine ganz besondere Situation beachten. Vorrangig will hier der Mensch etwas mit dem Pferd tun. Das Pferd soll reagieren, im besten Fall so, wie es der Vorstellung und Erwartung des Menschen entspricht. Dabei ist der Mensch von unterschiedlichen Wünschen getrieben: dem Wunsch nach Erfolg, Ansehen und Wertschätzung, oder nur dem Wunsch nach größtmöglicher Harmonie in der Zusammenarbeit.

Wir dürfen aber nicht vergessen, dass hier zwei nicht vergleichbare Lebewesen ein Teamwork anstreben. Infolgedessen unterscheidet sich auch die Motivation der Partner eklatant. Die Verhaltensbiologie bezeichnet Motivation als Antrieb, als Tendenz, Stimmung, Handlungsbereitschaft. Die Motivation wirkt also auf den Organismus, und im Fall Mensch und Pferd wird jeder für sich das entsprechende arttypische Verhalten an den Tag legen.

Betrachten wir die Entwicklungsgeschichte der Beteiligten, so kann sie unterschiedlicher nicht

und beugt die Gelenke.

sein. Der Mensch ist ein sozial lebendes Wesen. Er hat sich aufgrund seiner mentalen Fähigkeiten und der schnellen Veränderung seiner Umwelt weitestgehend von seinen angeborenen Antrieben distanziert. Das Pferd ist jedoch in seinem Sozialleben und im Falle von Gefahr abhängig von seinen angeborenen Trieben und den Außenreizen, die auf das Tier einwirken. Sicher sind nicht nur diese beiden Komponenten zu beachten, aber wir sollten sie uns immer wieder in Erinnerung rufen. Auf den Punkt gebracht: Wir dürfen niemals vergessen, dass das Pferd als Fluchttier seine Sicherheit im Pferdeverband sucht und findet, also nicht zwingend bei uns. Unsere Aufgabe ist es, Gemeinsamkeiten zu leben und dadurch Vertrauen aufzubauen. Erst dann werden wir das bestmögliche Ergebnis in der Zusammenarbeit erzielen. Die Stärkung dieser Gemeinschaft gilt es in den Vordergrund zu stellen – und nicht ein Erfolgsdenken!

AKADEMISCHE BODENARBEIT

Die Akademische Reitkunst nach Bent Branderup© beschäftigt sich, wie der Name schon sagt, mit der Kunst des Reitens. Sie steht aber auch für die Kunst, am Boden mit dem Pferd umzugehen. Dabei liegt der Schwerpunkt auf der Ausbildung von Hilfen, die ein physiologisch sinnvolles Training erst möglich machen. Die Bodenarbeit nach den Prinzipien der Akademischen Reitkunst dient somit als Vorbereitung auf das Reiten, der Unterstützung eines bereits gerittenen Pferdes sowie der Rehabilitation nach einem Krankheitsfall.
Wir dürfen nicht vergessen, dass dem Pferd beim Reiten ein Höchstmaß an Koordination, Balancegefühl und Kraft abverlangt wird. All diese Forderungen sollen – im Sinne der Reitkunst – auf dem Prinzip der Freiwilligkeit aufbauen und ohne Zwänge erarbeitet und gearbeitet werden. Das erfordert viel Zeit und vor allem Wissen, um durch ein systematisches Handeln den Ausbildungsweg eines Pferdes zum Reitpferd erfolgreich zu gehen.

REITKUNST BRAUCHT ZEIT

Zeit ist der ausschlaggebende Faktor, der in der heutigen Schnelllebigkeit allzu oft unberücksichtigt bleibt. Reitkunst gehört zu den Dingen im Leben, die sich der Mensch nicht kaufen kann, sondern er muss sie sich genau wie viele andere Künste erarbeiten. Der zeitliche Aufwand, der dafür nötigt ist, muss erbracht werden.

»Die Dressur ist für das Pferd da, und nicht das Pferd für die Dressur.«

Bent Branderup

Die Bodenarbeit bietet eine Vielzahl an Beschäftigungsmöglichkeiten, um gemeinsame Zeit zu gestalten und mit dem Pferd zu verbringen. Wie viel Nutzen wir dabei abrufen, liegt auch immer im Ermessen des Betrachters. Persönlich verbringe ich meine investierte Zeit mit viel Freude an der Sache. Sie ist gut angelegt und sinnvoll eingesetzt, denn ich versuche dabei, eine weitere Grundlage für zukünftige Ausbildungsschritte zu legen. Die Bodenarbeit der Akademischen Reitkunst hat viele Facetten und ein großes Spektrum an Variationen. Sie ist trotz ihrer harmonischen Ausführung sehr zielorientiert. Die Einwirkungsmöglichkeiten, Übungsschritte oder auch Lektionen am Boden werden in einer Art und Weise erarbeitet, die jederzeit auf das Reiten übertragbar sind.

SO PROFITIERT DAS KLASSISCHE REITPFERD

Die Akademische Reitkunst versteht unter dem Begriff „Bodenarbeit" jegliche dem Pferd formgebende und damit gymnastizierende Arbeit, die der Mensch vom Boden ausführt, also ohne dabei auf einem Pferd sitzen zu müssen. Nur während der Beziehungsarbeit mit dem jungen Pferd, bei der die Kommunikation im Vordergrund steht, wird auf den gymnastischen Effekt verzichtet. Das junge und zwangsläufig noch nicht geschulte Pferd hat viele neue Aufgaben zu bewältigen. Es soll plötzlich in einer geschlossenen Reitbahn mit einer Fläche, die nur selten 20 x 40 Meter überschreitet, laufen. Folglich werden nach wenigen Metern immer wieder Wendungen auf einer

Sich immer dort zu platzieren, wo eine Unterstützung notwendig ist, macht die Bodenarbeit so effektiv!

Bodenarbeit kann auch mit einer Hand ausgeführt werden.

Die stetige, weiche Verbindung ist ein entscheidender Faktor, um erfolgreich auszubilden.

Kreislinie verlangt, beispielsweise beim Durchreiten der Ecke. Es gilt, die richtige und gleichmäßige Verteilung des Körpergewichts auf alle vier Füße des Pferdes anzustreben. Das gestaltet sich zu Beginn der Ausbildung eines unerfahrenen Pferdes recht schwierig. Das Pferd ist von Natur aus nicht in der Lage, beide Hinterbeine gleich weit nach vorn zu bringen, denn das setzt auch ohne Reitergewicht eine große Balance voraus. Daher sind die ersten Ausbildungsziele in der Akademischen Reitkunst Balance, Losgelassenheit und Form, die es durch Schulung zu erreichen gilt.

Das gilt ebenso für ältere Pferde, die keine weitreichende Ausbildung erfahren haben. Durch eine durchdachte Bodenarbeit ist jeder Pferdebesitzer in der Lage, die wichtigsten Elemente einer Ausbildung zu vermitteln. Dabei kann die gymnastizierende Bodenarbeit als Vorbereitung auf zukünftige Herausforderungen im Reiten betrachtet werden, aber immer auch als kontinuierliche Begleitung zum Reiten.

Sobald durch das Training am Boden eine sichere Hilfengebung abrufbar ist und das Pferd im Gleichgewicht ist, kann es weitergehen. Die erreichte sichtliche Entspannung und Verbesserung der Körperhaltung werden dazu führen, dass ein Bewegen in der Reitbahn und auf Kreislinien mehr und mehr zur Routine wird. Es wird für das Pferd damit einfacher, in Zukunft mit dem Reitergewicht umzugehen.

GRUNDAUSBILDUNG FÜR PFERD UND MENSCH

Aber nicht nur das junge Pferd, sondern jedes Pferd sollte eine Grundausbildung erhalten dürfen und sicher beherrschen. Auch jeder Mensch zieht einen Nutzen aus seiner eigenen Grundausbildung, die ihm durch das Schulsystem vermittelt wird. Sie bietet beste Voraussetzung für das weitere Leben. Was ein jeder im Anschluss seiner Grundausbildung daraus macht, ist abhängig von seinen Vorstellungen, Wünschen und Talenten.

Das gilt auch für die Bodenarbeit mit dem Partner Pferd. Nach Lehrbuch wird von der „Remonten-Ausbildung“ gesprochen. Das ist die Ausbildung eines jungen ungeschulten Pferdes, welches sich Schritt für Schritt auf seinen Ausbildungsweg begibt. Für die meisten Menschen sieht die Realität aber anders aus. Nur wenige erwerben ein bis dahin wild aufgewachsenes oder rohes Pferd. In vielen Fällen wird ein Pferd gekauft, welches bereits positive oder negative Erfahrung hat und vielleicht auch älter ist als drei Jahre. Über die Bodenarbeit kann trotzdem von Anfang an mit den ersten Ausbildungsschritten begonnen werden oder gar eine Korrektur von falsch verstandenen Bewegungsabläufen erfolgen. Bodenarbeit ermöglicht uns einen Ausbildungsstart mit jungen Pferden, weiterführende Ausbildung oder sogar einen Neustart mit Korrekturpferden!

Gemeinsam durch die Welt schreiten, voller Vertrauen und Gelassenheit

Wir müssen lernen, nicht unbewusst von einem Pferd das Gleiche zu verlangen, was wir von einem mitdenkenden menschlichen Partner erwarten würden. In manchen Ställen hört man oft den Ausspruch „der dumme Gaul". Aber muss nicht jedes Tier nur so klug sein, wie es für sein Überleben vonnöten ist? Fordern wir nicht zu viel und machen wir uns die Gelehrigkeit und Gutmütigkeit des Pferdes zunutze! Beobachtet man Pferd und Ausbilder bei der gemeinsamen Arbeit, so wird man rasch erkennen, ob das richtige „Was" und „Wieviel" gefunden wurde.

LERNINHALTE VERSTÄNDLICH ERKLÄREN

Ich habe den Anspruch, meine Pferdeschüler möglichst gut vorzubereiten. Unabhängig vom Alter des Tieres möchte ich helfen, die körperlichen Voraussetzungen für jeden weiteren Schritt in der Ausbildung zu schaffen und so verständlich wie möglich die einzelnen Aufgaben und Lerninhalte zu erklären und vermitteln. Mein Ziel ist ein entspanntes Pferd, welches in gutem Gleichgewicht ist und sich vertrauensvoll in eine physisch sinnvolle Haltung formen lässt.

Hierzu benötige ich Möglichkeiten der Einflussnahme, die den Aufbau eines Hilfen-Systems sichern. Dem Reiter stehen dazu Gewicht, Schenkel- und Zügelhilfen zur Verfügung. Der Ausbilder am Boden sucht und findet andere Mittel. Er kann beispielsweise dem Pferd durch die Longe die unterschiedlichen Zügelhilfen nahebringen. Bei vielen Bodenarbeitsvarianten wird ein Zügel direkt mit in die Zäumung geschnallt, wie es beispielsweise bei der Handarbeit üblich ist. Die Gerte bildet für mich den Schenkelersatz und kann ganz verschiedene Schenkellagen simulieren. Im Grunde sind alle Schenkelpositionen vermittelbar und somit auch alle Reaktionen auf dieselben abrufbar. Nur bei der Gewichtshilfe wird es schwierig, eine passende Ersatzhilfe vom Boden aus bereitzustellen. Im weitesten Sinne kann die Gerte diese Aufgabe ebenfalls übernehmen und wird im späteren Verlauf beim Einreiten durch richtige Gewichtshilfen ergänzt werden.

VORSTELLUNGEN, HERAUSFORDERUNGEN UND ZIELE

Für den einen oder anderen wird das Reiten sicherlich im Vordergrund stehen. Aber Tatsache ist: Es wird ein Pferdeleben lang jederzeit möglich sein, zu dieser Basis „Bodenarbeit“ zurückzukehren, wenn Reiten nicht mehr möglich sein wird oder Probleme in der Ausbildungsarbeit drohen. Voraussetzung ist, dass man auf eine solide Grundausbildung in diesem Bereich zurückgreifen kann, um Korrekturen vorzunehmen oder weitere Lektionen abzurufen.
Hier ein paar Beispiele: Stellen wir uns vor, dass es Mensch und Pferd immer besser gelingt, sich in einem harmonischen Zusammenspiel im Schritt, Trab und Galopp durch die Reitbahn zu bewegen. Als nächstes Ziel gilt es, die Versammlungsbereitschaft auszubilden. Versammlung bedeutet ein großes Maß an muskulärer Arbeit bei korrekter Beibehaltung der vorangegangenen Ausbildungselemente. Die Kräftigung der Muskulatur und auch das Erlernen neuer Bewegungsmuster fällt erst einmal schwer und benötigt Zeit. Ähnlich wie beim Menschen kann nicht von heute auf morgen entschieden werden, 100 Kilogramm auf der Hantelbank zu drücken. Aus diesem Grund sollte auch eine verstärkte Lastaufnahme stetig und individuell auf das Pferd angepasst werden. Um dem Tier in dieser schwierigen Phase eine Erleichterung zu schaffen, bietet es sich an, erneut ohne Reitergewicht zu arbeiten. Das Pferd kann sich zunächst allein mit seinem neuen Bewegungsgefühl vertraut machen, bevor es die Mehrbelastung durch den Reiter ausbalancieren und tragen muss.

AUSBILDUNG OHNE GRENZEN

Im Laufe der Ausbildung gelangen wir immer mehr zu einer versammelten Arbeit. Jeder Ausbilder muss sich bewusst machen, dass in Folge auch eine gewisse Anspannung in den Körper des Pferdes gearbeitet wird. Nun müssen wir zwischen positiver und negativer Spannung unterscheiden. Es ist dringend notwendig, einen Spannungsbogen abzurufen, jedoch sollte unter allen Umständen Stress vermieden werden. Stress wirkt sich

Der ruhige und stetige Ausbildungsaufbau lässt das Pferd in seiner vollen Anmut heranreifen.

negativ auf Körper und Geist aus und wird keine gesunde und sinnvolle Muskulatur aufbauen. Der Mensch am Boden kann die ersten Spannungsanzeichen schnell erkennen, und durch einfühlsames Einwirken und Beruhigen entgegenwirken.
Ich beschäftige mich nun seit vielen Jahren mit der Bodenarbeit und habe sie bei meinen eigenen Pferden und auch bei den Pferden meiner Schüler zur Grundlagenarbeit gemacht. Der Mensch profitiert von einer deutlichen Verbesserung der Verständigung und erreicht eine spürbare Sensibilisierung des Pferdes auf verschiedene Signale vom Boden aus. Das Pferd wird in die Lage versetzt, die abverlangten Übungsabläufe und Lektionen visuell, ganz ohne Reitergewicht zu erkennen, umzusetzen und somit zu bewältigen. Dabei sind der Ausbildung keine Grenzen gesetzt. Durch strukturierte Ausbildungsabschnitte in der Bodenarbeit, von den Anfängen bis hin zur Hohen Schule, kann ein Pferd geschult werden, ohne dass es jemals geritten wird. Natürlich macht Reiten Spaß und wir wollen und müssen auch während der Ausbildung am Boden nicht darauf verzichten. Dennoch ist es ein interessanter Aspekt, nicht zu reiten, wenn es aus unterschiedlichen Gründen notwendig wird oder es in bestimmten Phasen sinnvoll erscheint.
Ich habe bereits davon gesprochen, dass die Ausbildung von den Anfängen bis zur Hohen Schule möglich ist. Da ich neugierig bin, wollte ich es bei allen Lektionen ganz genau wissen, wie sich die Theorie in der Praxis umsetzen lässt. Um das auszuführen, dauerhaft zu begleiten und auch mal zu hinterfragen, muss man aber zehn bis 15 Jahre einkalkulieren, je nach Vorerfahrungen. Also fing ich an, mich auf eine etwas längere Reise zu begeben, um die Bodenarbeit in der Reitkunst zu entdecken und zu erforschen.
Zum besseren Verständnis sei noch erwähnt, dass jedes meiner Pferde in der Bodenarbeit geschult ist. Im Folgenden werde ich aber zwischen reinen Bodenarbeitspferden (keine Reitpferde) und Reitpferden mit Zusatzausbildung in der Bodenarbeit unterscheiden.

Ziel ist es, die Hinterhand zu einem aktiven Vorwärts-aufwärts anzuregen.

Lastaufnahme und Hankenbeugung werden behutsam und individuell entwickelt, hier z. B. bei der Schulparade.

WARENGO

In diesem Zusammenhang erinnere ich mich gern an Warengo, ein deutsches Warmblut, das einige Altlasten mit sich herumschleppte.
Als er zu mir kam, hatte er schon eine Ausbildung hinter sich. Dabei war ihm das Vertrauen zum Menschen erfolgreich abgewöhnt worden. Vor allem harte Strafen nach dem Turnier, die er überhaupt nicht verstehen konnte, gehörten zu seinem Alltag. Dadurch war er zu einem sehr unsicheren Pferd geworden, das Menschen gegenüber skeptisch war. Schnell neigte er dazu, auf jede Aufforderung mit viel Aufregung und Gegenwehr zu reagieren. Meist versuchte er, gegen die Hand unter dem Reiter davon zu rennen. Dabei verknüpfte er seine Ängste vorwiegend mit der reiterlichen Einwirkung.

NEUSTART MIT VERTRAUEN

Warengo war es also, der entscheidend dazu beigetragen hat, mein Wissen über die Bodenarbeit auszubauen. Ich startete mit ihm noch einmal ganz neu, auch wenn er zu diesem Zeitpunkt bereits sechs Jahre alt war. Beginnend mit der Basisarbeit am Kappzaum über das Longieren bis hin zur Handarbeit arbeiteten wir uns voran. Zum Schluss folgten die Schulübungen (versammelte Arbeit).
Nach der Ausbildung der Hilfen arbeitete ich an den Seitengängen in allen drei Grundgangarten. Das machte ihn geschmeidiger und ich konnte

Warengo in der Galopptraversale

das starke Gegen-die-Hand bzw. Gegen-das-Gebiss-ziehen mehr und mehr korrigieren. Je mehr Warengo lernte, seine Last mit der Hinterhand zu tragen, desto mehr fing er an, ruhiger und entspannter, mit sichtlicher Freude an der Sache mitzuarbeiten. Auch die fliegenden Wechsel in Serie, Galopp-Pirouetten, Piaffearbeit bis hin zum Terre-à-Terre und die Croupade waren ihm möglich.
Warengo wurde immer sicherer und vor allem achtsam und konnte trotz seines wackeligen Nervenkostüms eine Menge Selbstbewusstsein aufbauen. Später hat er mich erfolgreich und selbstsicher auf viele Messen und Präsentationen begleitet, um die Bodenarbeit zu veranschaulichen.
Diese positive Entwicklung machte mir Mut, nach sieben Jahren reiner Ausbildung an der Hand wieder in den Sattel zu steigen. Es war einfach

Warengo entwickelte durch die Bodenarbeit viel Kraft und Körperbewusstsein.

spannend zu überprüfen, ob die Bodenarbeit dem Reiten zugearbeitet hatte, und es wurde ein faszinierender Moment. Denn ich konnte nach ein paar Tagen der Gewöhnung an Sattel und Reiter alle bis dahin ausgebildeten Übungen eins zu eins abrufen. Alles ohne jeglichen Stress, ohne Druck gegen die Hand oder sonstige negative Reaktionen. Für mich war dies ein magischer, aber auch der entscheidende Moment, in dem die Theorie zur Praxis wurde.

LEHRMEISTER

Nach vielen eigenen Ausbildungsjahren mit anderen Pferden wagte ich mit Warengo mein erstes langjähriges Experiment: Ich wollte durch die Bodenarbeit Verhaltensänderungen erreichen. Ein Pferd nur vom Boden aus zu korrigieren und zeitgleich in der Ausbildung voranzubringen, sollte eine Herausforderung werden. Ein spannender und steiniger Weg, aber gekrönt von Erfolg. Mein großer Vorteil bestand darin, dass Warengo den meisten Stress mit dem Reiten verknüpfte. Bodenarbeit kannte er nicht, und sie löste daher keine Ängste bei ihm aus. Der Weg, ohne Altlasten neue Hilfen auszubilden, war frei. Immer in Hinblick auf eine positive Entwicklung unter dem Sattel, musste ein Ausbildungskonzept der „Hilfengebung“ analog zum Reiten erarbeitet werden. Viele Jahre gingen ins Land, mit großen Erfolgen und vielen Niederlagen. Aber auch das gehört zum Lehrprozess dazu, um den eigenen Horizont zu erweitern. Die besten Lehrmeister sind die Pferde. Mich haben sie Besonnenheit und Geduld gelehrt, die Gelassenheit, sich nicht über Schwierigkeiten zu ärgern, sondern Probleme in Ruhe zu analysieren und dann eine Lösung zu finden.

Aramis ist noch heute in meinem Pferde-Team.

ARAMIS

Aramis ist eine ganz andere Geschichte! Ich nenne ihn immer liebevoll ein „Kind der Liebe", denn er kann weder mit einer wohlbekannten Rasseabstammung dienen, noch besitzt er edle Papiere. Abgesehen davon sieht man ihm anhand seiner Farbe und den vorhandenen Exterieurmängeln schnell an, dass es sich um einen klaren Weideunfall gehandelt haben muss, wie Züchter es wohl benennen würden.

Doch all das macht meinen Aramis nicht zu einem schlechten Pferd. Im Gegenteil: Gerade Schwierigkeiten fordern immer wieder dazu heraus, die Bodenarbeit in der Ausbildung einzusetzen und dadurch körperliche Probleme und Mängel so zu verändern, dass es dem Pferd physisch und mental möglich wird, seine Aufgaben zu bewältigen. Fangen wir aber von vorne an …

Aramis war nicht geplant, so viel sei gesagt! Es sollte ein Pony für die Jugendreitschule gekauft werden, doch mein Vater brachte noch ein weiteres Pferd mit, den völlig verstörten und verängstigten Aramis. Extrem dünn, zitternd und schmutzig stand er da! Es war klar, dass dies kein bewusster Kauf für die Reitschule war, sondern ein reiner Herzenskauf, um das Pferd vor einer ungewissen Zukunft zu bewahren.

EIN CHARMEUR DER BESONDEREN ART

Einige Wochen aufgepäppelt, gewaschen, gepflegt und angefasst, hatte er sich körperlich schnell erholt und zum Positiven entwickelt. Dennoch wurde deutlich: Aramis ist speziell und anders als alle bisherigen Pferde, die in unserem Bestand zu Hause waren. Er war ein sehr unsicheres Jungpferd von 2,5 Jahren, mit vielen Ängsten, schreckhaft und schnell verspannt. Zudem zeigte er eine extreme Berührungsempfindlichkeit am ganzen Körper. Besonders sensibel war seine gesamte Rückenpartie. Man konnte also durchaus annehmen, dass er bereits Bekanntschaft mit Reitergewicht gemacht hatte, trotz seiner Jugend.
Doch Aramis zeigte auch etwas ganz Besonderes, was ich in dieser Intensität zum damaligen Zeitpunkt noch nie gesehen hatte. Seine Wahrnehmung und Präsenz gegenüber dem Partner Mensch war immer zu 100 Prozent gegeben.
Das führte dazu, dass er innerhalb kürzester Zeit die gesamte Damenwelt unseres Ausbildungszentrums auf seiner Seite hatte, und er von allen nur liebevoll „unser Baby" genannt wurde. Auch heute noch hat er jeden Tag aufs Neue einen dauerhaften Fokus auf alles und jeden. Das begeistert mich! Faszinierend ist auch die Tatsache, dass er, der keinerlei körperliche Fähigkeit für Reitkunst mitbrachte, versucht hat, es passend zu machen. Auch sein Temperament ist beeindruckend, Aramis ist mit seinen 1,55 m ein kleines, kompaktes Powerpaket.

Freiarbeit ist für Aramis das absolute Highlight in unserer gemeinsamen Arbeit.

DER WEG ZU RUHE UND GELASSENHEIT

Wie fing ich nun an? Es galt zunächst einmal, seine Berührungsempfindlichkeit abzubauen. Aramis musste lernen, nicht nur der Hand, sondern auch der Gerte zu vertrauen. Diese ist ein wichtiges Instrument und Ausbildungsmittel in der Bodenarbeit. Danach mussten sein Feuer und sein Elan in ruhigere Bahnen gelenkt werden.
Ein Auftrag, der am meisten Zeit (Jahre!) gekostet hat, denn aufgrund seiner Unsicherheit wurde Aramis schnell ängstlich, und das potenzierte die Energie. Von null auf hundert und von hundert auf null zurück war seine Devise.
Aramis begleitet mich nun seit 15 Jahren und er ist inzwischen zu einem meiner sichersten Pferde in den Lektionen geworden und mehr und mehr auch bei der Öffentlichkeitsarbeit. Er hat ein solches Selbstbewusstsein entwickelt, dass seine Körpersprache ständig signalisiert: „Schaut her, ich bin es." Zwar bekommt er immer noch schnell Panik, lässt sich aber zuverlässig auf mich und meine Anweisung ein, um Führung und Ruhe zu erhalten.
Aramis ist ein reines Bodenarbeitspferd und wird nie geritten. Trotzdem hat er eine starke Muskulatur aufgebaut. Besonders beeindruckend sind die Trapezmuskulatur, die Rückenlinie und seine Hinterhand, die sich unglaublich ausgeprägt haben. Alle Grundgangarten in der Versammlung bis hin zu den Schulsprüngen (Figuren der Hohen Schule über der Erde) beherrscht Aramis sicher.
Ein besonderes Highlight unserer gemeinsamen Arbeit ist die gymnastizierende Freiarbeit, in der Aramis sein Potenzial, die hundertprozentige Präsenz, voll entfalten kann.

EINE FÜR ALLE

Bodenarbeit ist also die ideale Vorbereitung auf die später gerittenen Übungen! Das fängt beim Einreiten an und geht über die besten Ausbildungsjahre des Pferdes hinaus bis hin zum Rentenalter. Auch als Krankengymnastik oder als alleinige Ausbildungsmethode ist sie von hohem Wert.

Ein harmonisches Zusammenspiel zwischen Reiter und Pferd sollte das Ziel am Boden und unter dem Sattel sein. Harmonie ist nur in einer dauernden Übereinstimmung der beiden Lebewesen in jeder Bewegung erkennbar, und es macht Freude, diese gemeinsam zu erreichen. Das Pferd als Spiegel bekommt hier noch einmal eine weitere Bedeutung.

Glaubt man den Geschichtsbüchern, so hat Bodenarbeit eine lange Tradition, angefangen zu Beginn der Zeit, in der die Menschen erstmalig Pferde zur Arbeit oder als Reittier nutzten. Handelt es sich also um alte, in Vergessenheit geratene Erfahrungen, die wir wiederentdeckt haben?

Ich denke nicht. Abgesehen von der Tatsache, dass logischerweise Wissen, was wirklich vergessen war, nicht wiederbelebt werden kann, hat es immer Reiter und Ausbilder gegeben, die noch davon wussten. Aber Reitausbildung wurde, wie vieles andere, maßgeblich vom Zeitgeist geprägt. Damit wurde auch dem Sinn der Bodenarbeit unterschiedliche Bedeutung und Aufmerksamkeit geschenkt.

KOMMUNIKATION: INHALT UND BEZIEHUNG

Der Begriff „Kommunikation“ im Zusammenspiel mit Pferd und Reiter ist jedem vertraut. In seiner Gesamtheit wird das heute auch gern „Horsemanship“ genannt. Dabei sollte klar sein, dass Kommunikation immer einen Inhaltsaspekt und einen Beziehungsaspekt hat, wobei Letzterer den Ersteren steuert. Der eine Aspekt vermittelt

Bodenarbeit legt die Grundlage für alles, was wir uns auch als Reiter wünschen.

Information. Der andere gibt Aufschluss, wie der Empfänger den Sachverhalt auffasst und diesen in Beziehung zum Menschen spiegelt. Jeder sollte sich bewusst sein, dass es dabei zu erheblichen Missverständnissen und Problemen kommen kann. Vielleicht hat der eine oder andere Leser es auch schon erlebt, dass der zu erklärende Inhalt nicht richtig vom Pferd ausgeführt werden konnte. In der Folge haben sich Unmut und Verspannungen beim Tier aufgebaut.

Es ist unsere Aufgabe, die Fähigkeit und Bereitschaft mitzubringen, sich mit Geduld aufeinander einzulassen, einfühlsam zuzuhören, was der Partner Pferd mit seiner Körpersprache auszudrücken versucht. Machen Sie sich einfach auf und fangen Sie an! Es wird ein interessanter Weg, der nach jedem kleinen Zielpunkt mit einem neuen, spannenden Pfad begeistert.

MOONLIGHT

Die Geschichte von „Moonlight" zeigt, dass Bodenarbeit auch eine ideale Unterstützung zum Reiten ist, wenn ein Pferd ein Stockmaß von 1,80 Meter hat …

Es ist schon recht lange her, dass Moonlight zu mir kam. Groß war er, und ein Zappelphilipp, wie er im Buch steht. Er war vierjährig, völlig verunsichert, aber unglaublich lieb. Er stand bei uns zur Probe für eine Schülerin unserer Jugendreitschule. Nach vier Wochen und einem verunglückten Auftritt des Mädchens im Reiterwettbewerb kam es, wie es kommen musste: Die erfahrenen Turniercracks rieten dem Vater ab, dieses „Tier" zu kaufen: „Der reicht nicht für E-Dressur.".

So entschlossen wir uns, Moonlight zu übernehmen. Damals hatte ich mich bereits mit Bodenarbeit beschäftigt und das Pferd tat mir leid. Wieder ein Stallwechsel für so ein junges Pferd … Wir hatten herausgefunden, dass er bereits irgendwo in Beritt gewesen war und – wie der Verkäufer beteuerte – schon piaffieren konnte. Nein, piaffieren konnte man das nicht nennen, was er zeigte, es sah eher aus wie Angst auf der Stelle.

ZURÜCK AUF NULL

Wir wussten inzwischen, dass er sehr liebevoll aufgezogen worden war und als „Scheidungskind" dann schnell verkauft werden sollte. Um den Verkauf zu sichern, hatte er also mit gerade vier Jahren eine Hauruck-Ausbildung und den Trennungsschock hinter sich. Es war also kein Wunder, dass er so verunsichert war. Also drückten wir den Reset-Knopf und fingen wieder mit dem Einmaleins an. Nach der Basis-Bodenarbeit und dem Longieren wurde die Handarbeit das Mittel der Wahl, um den gewaltigen Körper geschmeidiger zu machen und vor allem Muskulatur aufzubauen. Moonlight hatte viel Vollblutanteil in seinem Stammbaum und gehörte eher zu den hageren Typen mit schlechter Futterverwertung. Es sollte immer schwierig bleiben, ihn genügend rund zu füttern und die Muskulatur zu stärken. Durch die versammelte Arbeit am Boden ergänzend zum Reiten gelang es, genügend Trainingsreize für einen körperlichen Aufbau zu schaffen. Zugegeben ist das Maß von 1,80 Meter nicht unbedingt komfortabel für Bodenarbeit. Dennoch möchte ich jeden ermutigen, mit der richtigen Methode sein Pferd am Boden zu fördern. In der Handarbeit ist es nicht so entscheidend, wie groß das Pferd ist, solange die Zügel mit zwei Händen geführt werden. Große Pferde haben meistens auch viel Raumgriff, und da kann es für manchen Menschen problematisch werden. Fehlt es zu Beginn noch an der Fähigkeit zur Versammlung, ist es anstrengend, das Tempo des Pferdes mitzuhalten. Natürlich gibt es genügend andere Varianten, wie beispielsweise das Longieren, bei denen die Größe des Pferdes im Verhältnis zur Körpergröße des Menschen, keine entscheidende Rolle spielt.

Vertrauen aufbauen durch Bodenarbeit

DER WEG ZUM VERTRAUEN

... bedeutet Arbeit für Mensch und Pferd. Die Forschung zeigt uns, dass Gefühle wie Glück, Angst, Überraschung, Freude oder Trauer nonverbale Körpersignale zur Folge haben. In unserem Zusammenleben bedeutet das: Wir müssen lernen, körperliche Signale zu entschlüsseln, also richtig zu interpretieren, damit wir Situationen einschätzen können und adäquat reagieren.

Aber gelingt uns das auch immer bei unseren Pferden? Oder kann es sein, dass wir uns zu wenig bemühen und es kommt zu Verständigungsschwierigkeiten?
Da geht es nun den Pferden wie den Menschen: Auch die Tiere müssen unsere Körpersprache erkennen, nur mit dem Unterschied, dass sie uns in dieser Beziehung deutlich überlegen sind. Pferde

Verstehen ist nur möglich, wenn wir eine gemeinsame Kommunikation finden.

Mensch und Pferd kommen sich durch die Bodenarbeit noch viel näher.

sind absolute Spezialisten auf diesem Gebiet und spüren und erfassen sehr schnell, was der Partner Mensch für eine Stimmung signalisiert. Ob seine Laune gut oder schlecht ist und vor allem, ob er im Hier und Jetzt ist oder mit den Gedanken an einem anderen Ort. Gerade deshalb müssen wir uns bemühen, eine gemeinsame Kommunikationsebene aufzubauen.
Bevor wir mit der Bodenarbeit beginnen, sollten wir uns daher einmal kritisch fragen, woran wir was und wie bei unseren Pferden erkennen (oder zu erkennen glauben). Was sagen uns die Ohren, die ähnlich wie Radarantennen ständig die Umgebung abtasten? Sie waren über Jahrhunderte das beste Frühwarnsystem für die in Freiheit lebenden Herden. Obwohl der Lebensraum der Pferde eingegrenzt wurde, ändert es nichts an der Tatsache, dass sie fast alles hören und jedes „Gespenst" lange Zeit vor uns entdecken. Am Ohrenspiel können wir sehr gut erkennen, inwieweit sich unser Pferd für uns und die gemeinsame Arbeit interessiert.
Was können uns beispielsweise der Schweif und die Augen signalisieren? Können Hals- und Kopfhaltung etwas über die innere Verfassung aussagen? Alles zusammen wirkt sich auf unsere zukünftige gemeinsame Arbeit aus und wird die Qualität derselben bestimmen.

»Gewinne zuerst das Herz, dann wende dich an den Verstand, bevor du die Kraft des Pferdes zum Einsatz bringst.«

Udo Bürger

DIE KUNST DER KLEINEN SCHRITTE

Nehmen wir uns ein wenig Zeit, um über die Qualität von Beziehungen nachzudenken, denn keine Arbeit mit Pferden ohne Beziehungsaufbau. Sich aufeinander einzulassen und zuzuhören garantieren eine funktionierende Beziehung. Aber so einfach, wie es sich liest, ist es nicht. Sich zu verstehen, bedeutet, respektvoll miteinander umzugehen, um auf dieser Ebene Gefühle und Informationen austauschen zu können. Bezogen auf das Paar Mensch und Pferd besagt dies, dass alle unsere Handlungen und Forderungen darauf ausgerichtet sein sollten, für beide Parteien von Vorteil zu sein. Ich brauche das Gehirn meines Pferdes, um seine Muskulatur in Tätigkeit zu versetzen, und ich muss seinen Willen mit meinem Tun und Wollen in Einklang bringen, denn an Muskelkraft ist es uns weit überlegen.

ANKOMMEN, DA SEIN, WOHLFÜHLEN

Egal ob Sie mit einem jungen Pferd oder mit einem erfahrenen Pferd arbeiten, welches Sie schon länger begleitet, überprüfen Sie immer wieder, ob die Basisübungen in der gewünschten Qualität jederzeit abrufbar sind. Damit meine ich auch die unspektakulären Übungen wie Führ- und Fokusarbeit. Jeden Tag wiederkehrend findet diese Arbeit auf dem Weg von der Weide in den Stall, zum Putzplatz oder in die Reithalle statt. Es sind nur drei Worte, die es zu beherzigen gilt: „Ankommen, da sein und sich wohlfühlen". Einfacher formuliert: Ziehen Sie nicht das Pferd mit einer Hand am Handy hinter sich her …
Beim Führtraining kommt es immer darauf an, das miteinander trainiert wird und nicht unachtsam gegeneinander. Letzteres wird sich rächen, denn korrektes Führtraining hat einen hohen Stellenwert. Erst durch diese Art des Führtrainings machen Sie das Pferd auf sich aufmerksam

Richtiges Führen ist die Grundlage für die Bodenarbeit.

und es lernt, sich auf Sie zu fokussieren. Unsere vierbeinigen Schüler sollen achtsam auf unsere Körpersprache reagieren und unseren Bewegungen synchron folgen. Aufforderungen wie gemeinsames Losgehen, Stehen, zusammen wenden nach rechts und links sowie Rückwärtsgehen müssen leicht und spielerisch abrufbar sein, aber korrekt in der Ausführung. Das Lernziel ist es, ungeteilte Aufmerksamkeit zu gewinnen für alle Aktionen und Bewegungsrichtungen, ohne Zug am Zügel oder Druck durch die Gerte.

KONZENTRATION UND MOTIVATION

Schon hier beginnt die Konzentrations- und Motivationsarbeit, nicht erst, wenn es um die Gymnastizierung geht. Sie ist besonders wichtig, denn sie übermittelt uns Informationen über die Konzentrationsfähigkeit unseres Partners. Des Weiteren gibt sie uns Aufschluss darüber, ob das Pferd seine Aufmerksamkeit und Energie stärker auf das eigene Innenleben richtet oder vermehrt auf sein Umfeld. Jedes Pferd ist anders und sollte seinen Fähigkeiten entsprechend gefördert werden. Doch was ist seine Begabung? Viele kleine Talente werden auch erst bei Führ- und Konzentrationsübungen entdeckt und können auf zukünftige Stärken hinweisen.

Unser Pferd soll lernen – so einfach und mühelos wie möglich. Erst wenn es einen Schritt begriffen hat, beginnen wir mit dem nächsten Schritt. Auch wir lernen eine Fremdsprache nicht in drei Wochen und mit Lehrern, die uns ständig überfordern.

Jeder Schüler lernt anders. So kann es passieren, dass der eine Lerntyp direkt nach der ersten korrekten Reaktion keinerlei Wiederholungsmoment benötigt und trotzdem am nächsten Tag besser reagiert. Der andere fragt nach mehreren Wiederholungen, bevor ein Verständnis für die Sache entsteht.

Nur wer folgen kann, wird zuhören.

VERSTÄNDNIS

Bei der Schulung der Hilfen kommt es zu Beginn aufseiten des Pferdes nur auf das Verständnis an. Es werden keine lang anhaltenden Situationen verlangt, sondern nach der gewünschten Reaktion folgt immer ein positives Feedback. Nur ein Schüler, der versteht, was von ihm verlangt wird, ist in der Lage, die Anweisung auszuführen. Mit jeder Übung will man eine vermehrte Losgelassenheit und einen Spannungsabbau in den Gelenken und Muskelpartien erarbeiten.
Hat man sich einen Arbeitsplan zurechtgelegt, sollte man erst jede Übung einzeln abrufen. Damit werden die verschiedenen Partien des Pferdekörpers für ihre speziellen Aufgaben fähig und folgsam gemacht. Erst wenn das gelungen ist, sollte man versuchen, mehrere Hilfen und Übungen aneinanderzureihen. Wird dies zu früh verlangt, kann es zu Verspannungen kommen. Missverständnisse und Stresssituationen sind die Folge und machen ein Lernen unmöglich.

HALTEN UND INNEHALTEN

Viele grundsätzliche Hilfen erarbeite ich daher im Stehen. Zügeleinwirkungen, Reiterhandeinwirkungen, Schenkelverständnis und Gewichtshilfen, insbesondere stellende und biegende Impulse, können so hervorragend vermittelt werden. Natürlich müssen die Hilfen ebenfalls innerhalb der Bewegung ausgearbeitet werden. Aber das grundsätzliche Verständnis ist dann bereits vorhanden und es kann darauf aufgebaut werden. Jeder Fehler, den ich hier begehe, wird mich unter Umständen lange oder sogar ein Leben lang begleiten.

»In der Ruhe… liegt die Kraft.«
Konfuzius

Hilfen schulen durch Verständnis

Wie heißt es so schön: „Stillstand ist Rückschritt.“ Doch das Thema „Stillstehen“ ist Gold wert! Aus meiner Sicht ist das ruhige Halten am Boden sowie beim Reiten eine der Übungen, die von Anfang an mit viel Sorgfalt gut ausgebildet werden sollten. Denn das Halten kann dienlich sein – zur Erholung, zum Nachdenken, zum Lösen, zum Vorbereiten, zum Beruhigen, zum Aufsitzen, zum Putzen und vieles mehr.
Somit müsste der Lektion „Halten“ gerade bei der Grundausbildung eines jungen Pferdes große Beachtung geschenkt werden. In Reiterkreisen wird

bei diesem Thema vielfach von „Zeitverschwendung“ gesprochen, weil angeblich die Balance, insbesondere der jungen Pferde, die in der Anlehnung noch nicht so sicher sind, unnötig gestört wird. Dass fast jedes „Leben“ seine Balance in der Bewegung erst dann erfährt, wenn es gelernt hat zu stehen, wird hierbei außer Acht gelassen. Bei der Bildung des Gehorsams ist die „Ruhe“ der tragende Pfeiler.
Viele der größten Reiter aller Zeiten haben „Ruhe, Vorwärts, Geradegerichtet“ zu ihren Devisen gemacht. Wobei die Ruhe vorangestellt wurde, nicht als Folge der Ermüdung, sondern entwickelt aus körperlichem Wohlbefinden und seelischer Ausgeglichenheit. Auch wenn wir heute im Gegensatz zu früher Pferde von bisher nie gekannter Qualität haben, beinhaltet das meiner Meinung nach nicht, dass wir auf die Korrektheit der Ausbildung verzichten können. Heute sind Pferde teilweise in der Lage, eklatante Reiterfehler auszugleichen. Das kann aber nicht bedeuten, dass der Reiter aus seiner ureigenen Verantwortung entlassen wird, die Pferde und sich selbst korrekt zu schulen.

PRAXIS-VORBEREITUNG

— *Ehe wir beginnen*

DAS EQUIPMENT

Der heutige Markt bietet eine Vielzahl an unterschiedlichem Equipment. Es kann sehr frustrierend sein, sich durch diesen Dschungel an Angeboten zu kämpfen – und in manchen Fällen auch sehr kostspielig, wenn beispielsweise im Nachhinein das gekaufte Equipment nicht passt oder seine Funktion nicht erfüllt.
Ich versuche die Arbeit am Boden so einfach wie möglich zu halten, zumindest was das Thema Zubehör angeht. Auf ein aufwendiges Verschnüren mit Ausbindern wird in der Akademischen Reitkunst generell verzichtet. Schließlich geht es bei der Ausbildung darum, dass wir ein ausbalanciertes, kräftiges Pferd entwickeln. Es muss die erlernten Hilfen verstanden haben, und bei völliger Losgelassenheit seine Talente zur vollen Entfaltung bringen. Man sollte sich als Ausbilder auf die wesentlichen Dinge konzentrieren, die auch beim späteren Reiten ausreichen.

Equipment muss nicht aufwändig sein.

DER KAPPZAUM

Beschäftigen wir uns mit der Reitliteratur vergangener Tage, wird schnell klar, dass die Verwendung eines Kappzaumes auf eine lange Geschichte zurückreicht. Seine Blütezeit hatte er in der Reitkunst der Renaissance und des Barocks.
Ich verwende bei der Grundausbildung jedes Pferdes immer den Kappzaum, um das empfindliche Pferdemaul zu schonen und gebisslos zu arbeiten. Wichtig ist, dass der Zaum nicht ins Auge des Pferdes rutschen kann und dass der Nasenriemen gut gepolstert ist. Geführt wird an einer Longe oder einer ausreichend langen Führleine.
Bei meiner Arbeit nutze ich einen Kappzaum, der multifunktional eingesetzt werden kann. Die normale Kappzaumeinwirkung kann durch zwei weitere Ringe am Nasenriemen ergänzt werden (Sidepull-Effekt). Am Kinnriemen ist ein Halfterring befestigt, der beispielsweise bei der Führarbeit Verwendung findet. Durch eine spezielle Vorrichtung könnte ein Gebiss ergänzt werden, was besonders für die Jungpferdeausbildung interessant ist. Natürlich reicht auch ein einfacher Kappzaum ohne Zusatzfunktionen aus. Dabei empfehle ich, eine Variante zu wählen, die sich durch einen beweglichen Nasenriemen ganz individuell dem Kopf des Pferdes anpasst.

DER RICHTIGE SITZ

Neben dem richtigen Umgang mit dem Kappzaum muss auf das richtige Anpassen geachtet werden. Nur dann kann der Kappzaum seine volle Wirkung entwickeln und verursacht keine

Ein Kappzaum mit mehreren Funktionen ist ein ideales Werkzeug für die Bodenarbeit.

Druckstellen. Ein individuelles Anpassen ist ratsam, denn jeder Kopf ist anders, manchmal passt auch das Standardmaß nicht.
Auch beim Verschnallen ist einiges zu beachten. Schließen Sie den Ganaschenriemen so, dass ein Verrutschen des Backenriemens Richtung Auge verhindert wird. Ist der Backenriemen zu nah am Auge oder verrutscht, drückt das Leder schmerzhaft an den empfindlichen Stellen rund um die Augenregion. Am besten wird der Ganaschenriemen fest vernäht, nachdem er korrekt an Ihr Pferd angepasst wurde.
Bei jeglichem Schließen von Riemen gilt es zu unterscheiden zwischen „fest verschnallt" und „zu eng verschnallt". Die Beweglichkeit des Kiefers und damit die Entspannung des Unterkiefers muss absolut gewährleistet sein. Ein zu starkes Schließen des Nasenriemens schnürt mit sofortiger Wirkung die Muskulatur ab, die insbesondere für die Beweglichkeit der Nüster und Oberlippe zuständig ist. Damit kommt es nicht nur zu einer Beweglichkeitseinschränkung, sondern zu einem kompletten Funktionsausfall dieser Körperzonen. Das verursacht immer eine Gegenreaktion!
Das Genickstück sollte ebenfalls gut liegen und den empfindlichen Ohrenbereich freihalten, auch hier darf nichts drücken. Besonders bei der späteren Longenarbeit gilt es das ebenfalls zu beachten.
Bedenken Sie bitte, dass man bei der Arbeit an der Longe immer nur auf einer Seite des Pferdes steht. Man kann daher nicht unbedingt sofort merken, ob auf der anderen Seite etwas verrutscht.
Ein guter Kappzaum ermöglicht eine präzise und genaue Einwirkung. Bleiben Sie als Ausbilder aufmerksam. Nehmen Sie sich ausreichend Zeit, um sich selbst und dem Pferd den Kappzaum vertraut zu machen. Achten Sie genau auf die Reaktionen und auf die Antworten Ihres Pferdes, ehe es weitergeht. Sollten Sie das Gefühl haben, Ihr Pferd lehnt den Kappzaum ab, kann dies ein Zeichen für eine gesundheitliche Beeinträchtigung sein. Zahn- oder Kieferprobleme, die Nebenhöhlen oder besonders empfindliche Gesichtsnerven können dafür verantwortlich sein.

Ein individuell anpassbares Nasenstück ist zu empfehlen.

KAPPZAUM VERSCHNALLEN

Grundregel 1: Der Nasenriemen sollte ca. zwei Finger breit unter dem Jochbein sitzen. Ein tiefes Verrutschen in Richtung Nüster sowie unruhiges Hin- und Herbewegen sollte vermieden werden.

Grundregel 2: Ein zu nah am Jochbein liegender Zaum drückt auf empfindliche Punkte, an denen Gesichtsnerven ansetzen.

Grundregel 3: Ein zu tief verschnallter Kappzaum drückt auf den Nasenknorpel, was möglicherweise die Atmung behindern kann oder ein Kopfschlagen hervorruft.

Grundregel 4: Punktuelle Druckstellen durch Lückenbildung seitlich der Nase oder auf dem Nasenrücken müssen vermieden werden. Bewegliche Nasenriemen, die sich individuell der Kopfform anpassen, sind hier zu bevorzugen.

Grundregel 5: An den Ohransätzen reagieren viele Pferde empfindlich, hier darf ebenfalls nichts drücken.

Grundregel 6: Der Backenriemen muss weit genug vom Auge liegen. Ist der Nasenriemen zu kurz, kann ein Vorrutschen des Backenstücks in Richtung Auge einen Dauerdruck am Augenrand verursachen. Das kann eine Gegenwehr in Form von Konterstellung oder Kopfschlagen zur Folge haben.

DIE GERTE

Als weiteres Hilfsmittel benutze ich eine Gerte aus Naturholz oder anderen Materialien, die ein geringes Gewicht und viel Elastizität mitbringen. Damit kann man ohne Schwierigkeiten in der Handhabung optische Signale vermitteln oder auch einzelne Berührungspunkte ausbilden.
Die Gerte ist ein sehr wichtiges Instrument. Sie dient als verlängerter Arm und ermöglicht uns, dem Pferd deutlich sichtbare Signale zu geben. Bereits in den absoluten Anfängen lernt das Pferd durch die Führarbeit, auf das Gertensignal hin anzutreten oder anzuhalten. Es ist sinnvoll, mehrere unterschiedliche Gerten zu haben, die sich in Länge und Form unterscheiden. Aufgrund der verschiedenen Methoden, am Boden zu arbeiten, kann die Verwendung der richtigen Gerte entscheidend zum Erfolg der Kommunikation beitragen.

DAS SEIL

Das Gleiche gilt für das Seil! Bei der Beziehungsarbeit und den ersten Übungen ohne Formgebung wird am Halfterring geführt. Danach erfolgt die Schulung am Kappzaum, dann wird das Seil direkt am empfindlichen Bereich des Nasenbeins angebracht. Daraus ergibt sich, dass wir unterschiedliche Empfindlichkeiten und Einwirkungspunkte am Kopf des Pferdes haben.

Hören Sie Ihrem Pferd zu. Auch Pferde versuchen sich mitzuteilen und zeigen angenehme sowie unangenehmen Situationen an.

Es braucht nicht viel Equipment,um sich mit der Bodenarbeit zu beschäftigen. Kappzaum, Führseil und Gerte genügen für eine ganzheitliche und abwechslungsreiche Ausbildung.

Schwere Führseile mit großen Karabinern sollten nur am Halfterring befestigt werden. Ein schwereres Seil kann eindeutigere Bewegungen ausführen und somit erste Hilfen vermitteln. Für die Kappzaumarbeit sollte immer auch auf das Gewicht geachtet werden und damit auf kleinere bzw. leichtere Karabiner. Wir dürfen nicht vergessen, dass hier durch den Nasenriemen bereits eine verstärkte Impulsgebung vorhanden ist, welche durch einen mächtigen Karabiner um ein Vielfaches erhöht würde.
Das sind bereits alle „Zutaten", um eine feine und verständliche Kommunikation zu entwickeln und mit der gymnastizierenden Arbeit zu starten. Zeitgleich habe ich alle „Werkzeuge" parat, um die Arbeit an der Longe zu vermitteln, die Sie ohne Veränderung des Equipments direkt ausführen können. Für jede weitere Arbeit am Boden benötigt es dann nur noch kleine Ergänzungen des bereits vorhandenen Equipments.

DIE ZÜGEL

Bei der Handarbeit kommt als Ergänzung Ihrer Ausrüstung ein Zügel hinzu. Er macht die Handarbeit aus, denn hier wird der Name zum Programm: Das Pferd tritt bei dieser Methodik an Ihre Hand heran. Dazu werden das Einschnallen und Verwenden eines Zügels notwendig, der die bisher benutzte Longe ersetzt. Der Zügel wird seitlich in die Ringe des Kappzaums geschnallt.
Sind alle Grundausbildungsschritte am Kappzaum ausgeführt worden, kann das Pferd in der Handarbeit weiterhin gebisslos trainiert werden. Es besteht aber auch die Möglichkeit, ein Gebiss zu verwenden. Somit wird durch das Führen eines Zügels und den direkten Kontakt zum Maul des Pferdes die Handarbeit vergleichbar zum Reiten, es kann eine „Anlehnung" entstehen.
Die Zügelhilfen und der stetige, weich federnde Kontakt zum Maul des Pferdes machen die Hand-

»Hört euren Pferden zu und lernt, durch eure Hand Informationen zu vermitteln und Informationen zu erhalten.«

Marius Schneider

Die Hand des Ausbilders muss geschult werden. Sie entscheidet über die Einwirkung, nicht das Equipment.

Stellen Sie das Pferd in den Mittelpunkt Ihrer Arbeit. Überdenken Sie, was es motiviert. So erreichen Sie seine größtmögliche Mitarbeit.

arbeit zu einer eigenständigen Methode, die sowohl ohne Reiten als auch begleitend zum Reiten erfolgreich ausbilden kann. Eine Mischung aus beidem bringt Abwechslung und Motivation in den Trainingsalltag für Pferd und Mensch.

DIE HAND DES AUSBILDERS

In diesem Zusammenhang möchte ich gerne noch das wichtigste Equipment ansprechen: die Hand des Ausbilders!
Es ist wichtig, dass der Ausbilder ein besonderes Gefühl entwickelt. Die Erfahrung hat mir immer wieder gezeigt, dass das richtige Maß an „Verbindung" sehr schwer zu erlernen ist. So kann es sein, dass der eine Mensch einen gewissen Kontakt bereits als Druck empfindet, während ein anderer bei der gleichen Intensität keinerlei Verbindung spürt.

Es ist also nicht die Ausrüstung, die weich oder hart einwirkt, sondern der Mensch, der sich durch das Equipment zu vermitteln versucht.
Nun ist der Wunsch eines jeden Ausbilders, dass die Zusammenarbeit mit seinem Pferd immer unabhängiger von der Hand wird. Wenn es zu einer Handeinwirkung kommt, dann vor allem im Zusammenspiel mehrerer Hilfen. Dennoch sollten Sie sich im Klaren sein, dass die Handeinwirkung ein wichtiges Instrument zur Vermittlung eines ganzheitlichen Hilfensystems ist. Somit ist es kein Tabuthema, sich mit der Handeinwirkung zu beschäftigen, es sollte allein im Sinne und zum Wohle des Pferdes geschehen. Das geht aber nur durch einen bewussten Einsatz der Hand, eine im Laufe der Ausbildung immer gefühlvollere Einwirkung. Manchmal kann es auch nur eine kleine Korrektur der Reiterhand am Kappzaum sein, um zum Beispiel ein Kruppeherein des Pferdes zu verbessern.

SEHEN, FÜHLEN, LERNEN

Es ist immer zielführend, einem strukturierten Aufbau zu folgen, anstatt irgendwo anzufangen. Das Zauberwort heißt „Planung". Darum empfehle ich jedem, einen Ausbildungsplan für das Pferd zu erstellen.

Das hört sich jetzt nach viel Aufwand und Arbeit an und wirkt auf den ein oder anderen vielleicht abschreckend. Damit ist aber nur gemeint, dass man sich zunächst ein paar Gedanken machen sollte. Gibt es bereits ein klares Bild eines systematischen Aufbaues? Wer könnte in welcher Form beim Training beratend zur Seite stehen? Bedenken Sie Ausbildungsziele, Ausbildungsschritte und Ausbildungsunterstützung – drei entscheidende Punkte, über die sich jeder Ausbilder im Vorfeld Gedanken machen sollte. Dann kann es richtig losgehen.

DIE SINNESORGANE DES PFERDES

Bevor es nun in der Ausbildung Schritt für Schritt weitergehen kann, möchte ich noch einige Gedanken und Überlegungen zu den Sinnesorganen des Pferdes in Erinnerung rufen.

Sinnesorgane? Vielleicht fragt sich nun der ein oder andere, warum ich so einen großen Themensprung mache, wo es doch gerade richtig losgeht. Die Antwort ist banal: weil alle Sinnesorgane am Kopf ansetzen und wir gerade über den Kappzaum gesprochen haben.

Bedenken Sie bitte immer, dass die Sinnesorgane des Pferdes engste funktionale Wechselwirkungen zum Nervensystem aufweisen. Ihre Aufgabe ist die Aufnahme und Weitergabe bestimmter

Weder Kappzaum noch Ihr Körper dürfen die Sinnesorgane des Pferdes einschränken.

Zunächst geht es um die Ausbildung der Hilfen, um gewünschte Reaktionen sicher abzurufen.

physikalischer und auch chemischer Reize. Sinnesorgane vermitteln Druck und Schmerz und das Empfinden für Temperatur. Weiterhin gehören auch die Geruchs-, Geschmacks-, Seh-, Gehör und Gleichgewichtsorgane dazu. Alle diese Sinne sind beim Pferd besonders hoch entwickelt und haben großen Einfluss auf den Erfolg oder Misserfolg unserer Ausbildungsarbeit. Wir sollten das in der Zusammenarbeit berücksichtigen.
Geschmacks- und Geruchsempfindlichkeit sowie das Aufnehmen von Sauerstoff über die Nüster spielen eine große Rolle, wenn wir mit unserer Hand nah am Kappzaum das Pferd führen oder über die Ringe am Nasenriemen etwas vermitteln möchten. Trotz der Nähe zum Kopf des Pferdes sollten wir immer eine gewisse Distanz bewahren und ein direktes Berühren oder Einengen von Nüster und Maul vermeiden. Die Augen eines Pferdes sind dafür ausgelegt, Objekte in weiter Entfernung wahrzunehmen. Stehen wir nun direkt vor dem Pferd oder seitlich daneben, so kann es zu Irritationen oder Verhaltensveränderung kommen. Auch hier gilt es, sorgsam mit den Empfindlichkeiten umzugehen und erst einmal über Gewöhnungsphasen eine vermehrte Nähe aufzubauen.
Das Pferd ist also besonders sensibel im Kopfbereich, und wir müssen berücksichtigen, dass ein zu starkes Eingrenzen und Verdecken der genannten wichtigen Organe zu unerwünschtem Verhalten aufseiten des Pferdes führen.
Ein Pferd wird immer instinktiv seine empfindlichen Sinnesorgane zu schützen versuchen. Es ist unsere Nähe und Präsenz am Kopf, die bei manchen Pferden ein direktes Unwohlsein auslösen. Darauf sollten wir immer Rücksicht nehmen. Die korrekte Distanz ist das Schlüsselthema. Achten Sie auf die Freiheit am Kopf und darauf, dass das Pferd sich bei der Arbeit weiterhin wohlfühlt, bevor Sie mit der direkten Einwirkung der Hand beginnen.

DIE HILFENGEBUNG

Auch in der Bodenarbeit möchten Sie sich dem Pferd durch die Hilfengebung verständlich machen. Hilfen sind nichts anderes als Reize, mit denen Sie erwünschte Reaktionen auslösen. Diese Hilfen sollten mit wenig Aufwand erfolgen und keinesfalls Schmerzen verursachen. Sie sollen konsequent und verständlich sein, wobei es identischer Wiederholungen bedarf. Routinen entstehen erst durch wiederholte Interaktionen der beteiligten Partner. Das ist effizient, weil die gleichen Verhaltensweisen immer wieder gezeigt werden, ohne darüber nachdenken zu müssen.
Zu den Ihnen zur Verfügung stehenden Hilfen gehört die Stimme, die ruhig, auffordernd oder korrigierend sein kann. Außerdem die Longen- oder Zügeleinwirkungen, die verhaltend oder weisend einwirken. Ein besonders wichtiger Punkt

Das richtige Loben im entscheidenden Moment vermittelt die zu lernende Hilfe.

ist die Körpersprache. Körperhaltungen, Bewegungen oder Berührungen wirken direkt auf das Pferd ein. Die Gerte bekommt bei der Bodenarbeit einen hohen Stellenwert. Sie hat die Funktion, Reiterhilfen zu ersetzen, wie beispielweise den Schenkel eines Reiters. Zur korrekt ausgeführten Hilfe muss auch immer ein Feedback in Form einer Belohnung (beispielsweise Futter, Stimme oder Berührung) erfolgen.

Pferde merken sich Dinge, Laute und Gesten. Durch das Ausbilden von Hilfen sind wir so in der Lage, das gewünschte Verhalten sicher und wiederholbar abrufbar zu machen. Pferde mögen es auch, zu kopieren und zu kooperieren, was das Erlernen von verschiedenen Sachverhalten überhaupt ermöglicht. Besonders das Kopieren von Bewegungsabläufen kann in der Bodenarbeit interessant werden, weil wir mit der gesamten Körpersprache agieren und reagieren können. Das Pferd nimmt all unsere Aktionen optisch wahr, ganz anders als beim Reiten, und kann daher wesentlich besser auf diese Bewegungen eingehen. Glaubt man der Verhaltensforschung, so sind Pferde nicht die schlauesten Tiere der Welt, aber dafür haben sie ein großes Herz für den Menschen und mögen das Zusammensein mit uns.

Nur eine vertrauensvolle Umgebung bringt eine Lernbereitschaft mit sich.

DAS LERNUMFELD

Pferde können jeden Tag ein paar neue Dinge lernen, aber man sollte sie nicht mit komplexen Ansprüchen überfordern. So sichern Sie sich ihre Motivation, und dass sie mit Freude eine Zusammenarbeit mit dem Menschen suchen.
Voraussetzung dafür ist, dass sie an alles Neue in ihrer Umgebung behutsam herangeführt werden und ein Lernumfeld geschaffen wird, in dem ohne Stress und Ängste ausgebildet werden kann. In solch einem Umfeld können die eingesetzten Hilfen langsam, Schritt für Schritt und geduldig vermittelt werden. Das Pferd hat die Chance, den Anspruch zu bewältigen, weil das Umfeld und die Umgebung Sicherheit gewährleisten.
Für erfolgreiches Ausbilden am Boden ist es zusätzlich wichtig, dass aufseiten des Stallbetreibers und der Stallgemeinschaft eine Akzeptanz gegenüber dieser Art der Ausbildungsarbeit besteht. Nur zu oft habe ich in den vergangenen Jahren unschöne Geschichten von meinen Schülern gehört, die zeigten, dass nicht jeder Pensionsstall eine andere Art des Pferdetrainings akzeptiert.
Besonders als Bodenarbeiter ist man in vielen Situationen nicht in der Lage, einen guten „Rundumblick" zu behalten. Als Reiter sitzen wir auf dem Rücken des Pferdes in einer erhöhten Position, was es uns vereinfacht, alle Aktivitäten in der Reithalle zu überblicken. Arbeiten wir das Pferd beispielsweise in der Handarbeit, so ist der Blick der Menschen häufig durch den Hals und Rumpf des Pferdes eingeschränkt. Somit müssen besonders die Reiter Rücksicht auf die Bodenarbeiter nehmen und gegebenenfalls auch ausweichen, selbst wenn es die Bahnregeln anders vorgeben würden.

VOM UMGANG MIT FEHLERN

In diesem Zusammenhang möchte ich auf das Thema Strafen eingehen – ein Begriff, der häufig bei der Ausbildung von Tieren fällt. Eine Strafe erfolgt zumeist, wenn der Auszubildende nicht die gewünschte Reaktion zeigt. Aber der sogenannte „Fehler" gehört zum Lernen genauso dazu wie der Erfolg bei korrekter Ausführung.

Ich erkläre in diesen Situationen während des Unterrichtes, dass es ein wichtiger Schritt in die richtige Richtung ist, wenn das Pferd nicht die gewünschte Reaktion zeigt, sondern etwas anderes. Fehler zu machen ist bei der Ausbildung eines Pferdes wie auch bei der Ausbildung eines Menschen ein fester Bestandteil des Geschehens. Wir müssen Erfahrungen sammeln, um daraus lernen zu können, denn sie zeigen uns die Grenzen unseres derzeitigen Wissensstandes auf. Eine ausgiebige Fehleranalyse und Korrektur hat dann meist eine Optimierung der gewünschten Leistung zur Folge.

MITARBEIT ERKENNEN

Reagiert ein Pferd auf eine Hilfe hin mit einer „falschen" Antwort, so hat zumindest eine Reaktion stattgefunden. Der Wille zur Mitarbeit ist gegeben, und der Versuch, mitzuarbeiten, wurde vom Pferd gestartet. Genau das ist es ja, was wir möchten. Die wenigsten Pferde werden versuchen, sich bewusst der Arbeit zu entziehen, indem sie falsch reagieren. In aller Regel sind es Missverständnisse, die eine ungewünschte Reaktion erzeugen. Mit einer Strafe, die falsch platziert ist, lösen wir nur Verunsicherung aus und wirken damit absolut kontraproduktiv.
Wir müssen also unterscheiden zwischen Strafen und der Korrektur einer Übung. Das Korrigieren sollte freundlich und informativ an den Lernenden vermittelt werden. Es muss so ausgeführt werden, dass auszuschließen ist, dass es mit einer Strafe verwechselt werden kann.
Auch wenn das Fehlermachen dazugehört, sollten wir bei der Ausbildung bestrebt sein, unnötige Fehler möglichst zu vermeiden. Fehler machen Pferde, wenn sie uns nicht verstanden haben, abgelenkt und überfordert sind oder keinen Aufbau in den Übungsabläufen erkennen können. Auch aus Müdigkeit durch Überforderung sowie unangebrachtes Wiederholen von Abläufen und Lektionen können Fehler entstehen. Mit fortschreitender Erfahrung des Ausbilders lassen sich Missverständnisse mehr und mehr durch vorausschauende Arbeit vermeiden.
Bei der Erarbeitung neuer Sachverhalte empfehle ich Ihnen, Zwischenergebnisse abzurufen, kleine Etappen auf dem Weg zum großen Ganzen. Das schafft Motivation auf beiden Seiten und vermeidet Überforderungen und daraus resultierende Fehler. Nur wenn alles stimmt, erhalten Sie die Leistung, die Sie sich erhoffen.

GESCHENKTE ZEIT

Natürlich ist unsere Stimmung ein nicht zu unterschätzender Faktor, wenn wir mit Pferden arbeiten. Pferde verstehen uns Menschen viel besser als umgekehrt und können feinste Zeichen

Aus Fehlern lernt man. Genau so sollte auch damit umgegangen we

der Körpersprache interpretieren. Sie beobachten uns exakt! Das heißt, wir müssen lernen, jede Verärgerung, jeden Unwillen oder Belastungen aus dem Alltag möglichst vor der Stalltür zu lassen. Nur dann können wir partnerschaftlich zusammenarbeiten und im Hier und Jetzt harmonisch eine gute Zeit verbringen.
In der Akademischen Reitkunst wird das Training mit dem Pferd nicht als eine zwingende Notwendigkeit gesehen, um Preise zu gewinnen oder sich als Mensch selbst darzustellen. Es ist vielmehr ein Privileg heutzutage, dass wir uns als Pferdebesitzer, ohne Zeit- und Leistungsdruck, mit vielen unterschiedlichen Ausbildungswegen beschäftigen dürfen. Aus diesem Grund sollte sich unsere „Pferdezeit" jeden Tag aufs Neue wie ein Geschenk anfühlen. Ich empfehle Ihnen, diese Zeit sinnvoll zu nutzen und jede Sekunde zu genießen.

FÜHRARBEIT

— Gelassen die Welt erschreiten

SCHRITT FÜR SCHRITT IN POSITION GEBRACHT

Bevor es mit der Gymnastik richtig losgeht, wird das Führtraining auf dem Trainingsplan notiert. Bei diesem Grundlagentraining steht weder die Form noch die Entwicklung schwieriger Lektionen im Vordergrund, sondern nur der gemeinschaftliche Umgang miteinander. Ein richtig praktiziertes Führtraining ist eine ideale Vorbereitung auf die weitergehende Bodenarbeit jeglicher Art, denn das Pferd lernt dabei, seinen Fokus auf den Menschen zu richten. Es wird achtsam für jede Bewegung und fängt an, seinen Partner Mensch immer genauer im Blick zu haben, um auf kleinste Signale zu reagieren. Das Ziel dabei ist die Entwicklung einer unsichtbaren Verbindung zum Pferd, die eine Kommunikation ohne Zug und Druck oder andere aufwendige Signale ermöglicht.
Es geht auch darum, ein motiviertes und kontrolliertes Vorwärts zu fördern, welches zu einem Miteinander führt. So wie beim Synchronschwimmen sollen die folgenden Aktionen gleichzeitig von beiden Parteien ausgeführt werden:

- Angehen und Anhalten
- Tempo beschleunigen und verlangsamen
- Wenden links und rechts
- Rückwärtsrichten

Bevor wir schwierige Lektionen und Höchstleistungen fordern, benötigt es eine gefestigte Basisausbildung.

PRIMÄRE UND SEKUNDÄRE HILFEN

Bei allen Übungen werden bereits erste Grundhilfen entwickelt, die später während der Gymnastikarbeit zu einer exakt definierten Hilfengebung führen. Dem Menschen stehen zur Unterstützung der Kommunikation Körpersprache, Stimme, Führseil und Gerte zur Verfügung.
Dabei wird zwischen primären und sekundären Hilfen unterschieden. Die primäre Hilfe wird in der Bodenarbeit durch die Körpersprache gebildet. Alle weiteren sekundären Hilfen (Longe, Gerte, Stimme) unterstützen und arbeiten damit systematisch der Haupthilfe Körpersprache zu. Jede Art der Bodenarbeit wird besser, einfacher und harmonischer, wenn der Mensch in der Lage ist, sich mittels Körpersprache zu verständigen.

MERKE

Die Körpersprache ist eine primäre Hilfe. Sekundäre Hilfen sind alle Hilfen, die zur Körpersprache führen.

Die Führarbeit kommt vor der Gymnastikarbeit und bildet die Grundlage für jegliche formgebende Bodenarbeit.

FÜHREN VERMITTELT SICHERHEIT

Führarbeit von guter Qualität, die auch die Basis für die spätere Arbeit mit dem Pferd untermauert, ist in vielen Fällen keine Selbstverständlichkeit. Oftmals wird die Führarbeit von Reitern nicht beachtet und eher als unnötig empfunden, denn irgendwie kommt schließlich jeder vom Stall bis zur Reithalle. Bei der Führarbeit handelt es sich um eine ruhige und wenig aktionsreiche Entwicklung fernab von schwierigen Lektionen. Also unspektakulär! Doch genau das ist es, was Reitkunst in all ihren Facetten so spektakulär macht!

Erklärtes Ziel der Führarbeit ist, wie der Name schon sagt, das „Führen": das Führen des Pferdes in unterschiedlichen Positionen ohne Zug am Zügel oder dem ständigen Einsatz der Gerte zum Vorwärtstreiben. Es geht darum, dass einer die Verantwortung übernimmt, um die gewünschte Richtung, Gangart, Tempo oder auch Übung vorzugeben. Führung ist eine wichtige Voraussetzung für ein harmonisches Miteinander bei der Ausbildung, dem Training oder einfach nur beim Verbringen von gemeinsamer Zeit. Vor allem ermöglicht es die Führarbeit, in unsicheren Situationen (die bei unerfahrenen Pferden schnell aufkommen können) Sicherheit zu vermitteln. In der darauffolgenden gymnastizierenden Bodenarbeit gibt es unterschiedliche Positionen, die dem Pferd gegenüber eingenommen werden können. Die Position bestimmt dabei die Methode. Doch zuvor sollte die richtige Haltung zum Pferd durch das Wechseln der Positionen sorgfältig erarbeitet werden, ohne jeglichen Anspruch an Formgebung. Es gibt so viele Dinge, die es zu lernen gilt. Aus diesem Grund muss eine Überforderung des noch lernenden Pferdeschülers und Menschen unter allen Umständen vermieden werden.

RICHTIGE POSITIONIERUNG

Mit dem Führtraining servieren wir unserem Pferd quasi eine „leichte Kost", wie ich es gerne formuliere. Die Inhalte der ersten Übungen und die darin formulierten Ziele scheinen oberflächlich betrachtet nicht besonders anspruchsvoll. Fehlerquellen schlummern aber immer im Detail. Dieses Training gibt dem Team Mensch und Pferd genügend Zeit, um die benötigten Hilfen zu erlernen. Anschließend sichert das weiterführende Training die Beherrschung dieser Grundhilfen. Das ist eine unabdingbare Voraussetzung für die Durchführung der daraus folgenden, anspruchsvolleren Lektionen. Es ist nicht für jeden Menschen gleich leicht, seinen eigenen Körper gezielt einzusetzen. In der Zusammenarbeit mit dem Pferd begegnen sich zwei verschiedene Bewegungsmuster oder Bewegungserfahrungen, die koordiniert werden wollen. Nur wenn der Mensch sich losgelassen bewegen kann, kann auch das Pferd losgelassen laufen.

TITZIAN AUS DER SCHÜTZENDEN HAND

Unabhängig davon, wie erfahren man selbst im Umgang mit dem Pferd ist: Führtraining sollte nie vernachlässigt werden. Auch ich persönlich erarbeite mir mit allen meinen Pferden immer erst das Führtraining.

In diesem Zusammenhang erzähle ich gerne die Geschichte von Titzian aus der schützenden Hand, der vor ein paar Jahren in mein Pferde-Team kam – ein Hengst mit extremer Ausstrahlung. Er erhielt sehr schnell den Spitznamen „T-Rex", da er zusehends ein richtiger Muskelprotz wurde und nicht gerade sensibel auf sein Gegenüber reagierte. So war es an der Tagesordnung, dass beim Führen seine Schulter alles aus dem Weg räumte, was gerade im Weg stand. Und manchmal war er schneller zurück auf seinem Paddock angekommen als geplant ... Auch stand beim Putzen immer wieder der ein oder andere menschliche Fuß unbemerkt unter seinem Huf.

Wenig achtsames und auch häufig geradezu rüpelhaftes Verhalten brachten Schwung in unseren Alltag. Also galt es, ihn zunächst einmal dahingehend zu schulen, mehr Aufmerksamkeit auf seine Kraft und seinen Körper zu richten. Das Führtraining war für ihn ein sehr wichtiger Ausbildungspunkt, auf den ich heute und auch in Zukunft immer wieder zurückgreifen kann, wenn er etwas ungestüm wird.

Durch das Führtraining hat Titzian gelernt, sich im Zusammensein mit dem Menschen viel stärker zu konzentrieren. Er erkennt auch schon kleinere Fehler auf Seiten des Menschen, nutzt sie aber mittlerweile nicht mehr direkt aus, indem er einfach die Führung übernimmt.

Die Zusammenarbeit mit Titzian bringt uns beiden sehr viel Spaß. Er war schon immer ausgesprochen lernwillig und interessiert am gemeinsamen Tun mit dem Menschen.

Führtraining schafft Aufmerksamkeit.

FÜHRPOSITION 1: NEBEN DEM PFERD

Wir beginnen mit der Partnerposition. Das ist eine „Position fürs Leben", denn es handelt sich hierbei um eine Alltagsposition, die durch das ständige Training ein Optimum an Verständnis aufbauen wird.
Sie nehmen Ihren Platz neben dem Pferd, auf Höhe dessen Schulter, ein. Damit stehen Sie hinter dem Kopf des Pferdes und laufen seitlich neben seinem Körper. Häufig wird auch von der „Schulterposition" gesprochen, wobei in den meisten Fällen geringfügig vor dem Schulterblatt, aber immer hinter dem Auge des Pferdes geführt wird. Pferd und Mensch blicken dabei in die gemeinsame Bewegungsrichtung. In dieser Partnerposition neben dem Pferd richten Sie Ihren Körper in einer deutlichen Vorwärtsbewegung aus, indem Sie Ihren Schwerpunkt leicht nach vorne verlagern. Körpersprachlich muss das „Vorwärts" sowohl für das Pferd als auch für jeden Beobachter von außen eindeutig erkennbar sein. Nur dann können Sie auch eine Reaktion erwarten.

Im gleichen Takt Seite an Seite

HANDHABUNG DER HILFSMITTEL

Zur Führung auf der linken Hand des Pferdes fasst die linke Hand des Bodenarbeiters das Führseil und sortiert gleichmäßige Schlaufen. Auch die Gerte findet hier ihren Platz und wird zusätzlich gegriffen. Diese Hand benötigt zu Beginn nicht so viel Feingefühl, weil sie nur für die Länge der Longe und das Positionieren der Gerte verantwortlich ist. Die rechte Hand hingegen ist direkt mit dem Kopf des Pferdes verbunden. Hier muss so viel Gefühl vorhanden sein, dass es ihr möglich ist, feinste Informationen vom Pferd zu empfangen und ebensolche zu senden. Bereits beim Führtraining wird Ihre Hand geschult – ideal für die folgende Arbeit mit dem Kappzaum.

Führposition 1 verbessert das bisherige Führen und den Umgang im Alltag.

Die führende Hand zeigt in die Bewegungsrichtung und wirkt damit vorantreibend.

Trotzdem ist das geordnete Halten von Longe und Gerte besonders wichtig, da es einen großen Einfluss auf die zu vermittelnde Absicht hat. Es empfiehlt sich, vor jedem Angehen und Ausführen einer Übung die Handhabung der Hilfsmittel zu kontrollieren. Jedes unnötige und aufwendige Hantieren während des Trainings schafft Verwirrung beim Pferd und stört die Konzentration auf beiden Seiten.

ANGEHEN UND ANHALTEN

Ist das Übungsziel klar, die richtige Position eingenommen, alle Hilfsmittel gut sortiert, geht es mit den ersten Aufgaben los. Wir beginnen mit dem Angehen. Es folgt das Üben des Anhaltens – nicht ohne Grund, denn wer ausbalanciert gehen und stehen kann, hat es einfacher im Leben! Das „Stop & Go" ohne Druck und Zug gehört zum Grundgehorsam und kann in vielerlei Hinsicht später dienlich sein. Ausbildung findet nicht nur in Bewegung statt, sondern kann auch im Stehen erfolgen. Viele Erklärungen können hervorragend einem stehenden Pferd vermittelt werden und führen, bedingt durch die Ruhe, schneller zum Erfolg.

Spätestens beim Kapitel „Basis-Bodenarbeit am Kappzaum" werde ich auf die stehende Arbeit zurückkommen.

Wir üben das Angehen im Schritt, um genügend Ruhe für die Ausführung zu haben. Bevor wir das Pferd dazu bringen, sich zu bewegen, müssen wir selbst in der Lage sein, Haltung zu wahren. Der Mensch sollte aufrecht, aber locker sein. Ganz wichtig: weiteratmen! Das klingt banal, aber es kommt häufig vor, dass wir vor lauter Konzentration das Atmen vergessen. Das führt zu Anspannungen, die sich auf das Pferd übertragen, bei der Bodenarbeit ebenso wie beim Reiten.

Bereits zum Angehen wird ein Zusammenspiel von mehreren Hilfen notwendig. Dabei ist darauf zu achten, dass die primäre Hilfe als erste zum Einsatz kommt. Die Körpersprache wird immer als erstes vermittelt, bevor die weiteren Hilfen zum Einsatz kommen. Durch diese Reihenfolge wird das Pferd die körpersprachlichen Signale verstehen lernen.

Ein gemeinsames Angehen ist das Ziel! Die Position neben Ihrem Pferd sollte dabei erhalten bleiben.

DAS ANGEHEN

Wenn wir uns in Position gebracht haben, benötigen wir nur noch ein aufmerksames Pferd, um unsere Absicht zu vermitteln.
Führen Sie Ihren Oberkörper leicht nach vorn und lehnen Sie den Körperschwerpunkt in die Bewegungsrichtung. Das aufmerksame Pferd wird diese leise Veränderung bereits wahrnehmen, was nicht bedeutet, dass die gewünschte Reaktion direkt gezeigt wird. In manchen Fällen reicht es aber aus, um ein Angehen zu animieren.
Ist das nicht der Fall, benötigen Sie noch weitere Hilfen. Zum Beispiel kommt die Gerte zum Einsatz, die einen vorwärtstreibenden Impuls sendet. Dabei zeigt sie seitlich neben dem Pferdekörper in Richtung Hinterhand. Achten Sie auf die richtige Gertenhaltung, um ein Verdrehen oder Verkrampfen im Körper zu vermeiden. Zum Angehen liegt die Gerte in der Hand, die auch die Seilschlaufen hält, so ausgerichtet, dass die Spitze bereits zur Hinterhand zeigt. Damit ist ein müheloses und direktes Treiben möglich. Führen wir z. B. auf der linken Hand des Pferdes, ist Ihre rechte Hand die führende Hand. Zum Angehen zeigt sie in die Bewegungsrichtung. Ihre linke Hand hält die Longenschlaufen sortiert und die Gerte, die in Richtung Hinterhand des Pferdes weist.
Die führende Hand wird mit dem Vorlehnen des Oberkörpers nach vorne gestreckt. Damit zeigt sie deutlich in die Bewegungsrichtung.

☞ RICHTIG IN POSITION GEBRACHT: VORBEREITUNG

Beispiel: Linke Hand des Pferdes

- **Position**
  auf Schulterhöhe, hinter dem Auge
- **Linke Hand**
  hält das Führseil und die Gerte. Gerte wird zur Hinterhand ausgerichtet.
- **Rechte Hand**
  ist die führende Hand. Locker aus der Schulter hält sie das andere Ende des Seils mit Abstand zum Pferdekopf.
- **Körperhaltung**
  entspannt, aber mit der gewünschten Absicht

Angehen: Schwerpunktverlagerung nach vorn

RICHTIG IN POSITION GEBRACHT: ANGEHEN

Beispiel: Linke Hand des Pferdes

- **Körpersprache**
  Schwerpunktverlagerung leicht nach vorn
- **Linke Hand**
  hält weiterhin die Schlaufen. Die Gerte zeigt in Richtung Hinterhand zum Treiben.
- **Rechte Hand**
  weist in die Bewegungsrichtung nach vorn zusammen mit der Köpersprache
- **Ergänzende Hilfen**
  Stimmkommando kommt zum Einsatz

Das sind schon eine ganze Menge an verschiedenen Aktionen, die wir gleichzeitig ausführen müssen. Zuletzt sollte die stimmliche Hilfe nicht vergessen werden. Das Verwenden von Begriffen und Signalen sollte bei der Ausbildung so normal werden wie das tägliche Begrüßen des Pferdes mit seinem Namen. Pferde sind sehr gut darin, bestimmte Wörter, Begriffe oder Laute zu unterscheiden, und es macht alles um ein Vielfaches einfacher. So wird ein akustisches Signal beim Angehen alle anderen Zeichen untermauern. Auch beim Anreiten eines jungen Pferdes sind Stimmsignale sehr hilfreich.

Stimmliche Hilfen

In diesem Zusammenhang stellt sich die Frage, inwieweit der Einzelne sich bereits Gedanken zu einem Wortschatz innerhalb der Kommunikation

Anhalten: Schwerpunktverlagerung nach hinten

mit dem Pferd gemacht hat. Damit meine ich die höchstpersönliche Vokabelliste, die man im Umgang miteinander verwenden möchte, und die in Folge immer gleichbleibend ihre Verwendung finden muss. Wer sich beim Training genau beobachtet oder filmt, wird häufig feststellen, dass für ein und dieselbe Übung jede Menge unterschiedlicher Signale gesendet werden: schnalzen, pfeifen, singen und sprechen oder alles auf einmal ... Ich kenne mich in der Musikbranche nicht so gut aus, aber wahrscheinlich hätte jeder Rapper seine hellste Freude, wenn er die „beatbox" eines Pferdeliebhabers vermarkten könnte!
Aus diesem Grund empfehle ich jedem, eine kleine persönliche Vokabelliste zu erstellen, um gleichbleibende akustische Signale zu sichern. Ich möchte in diesem Buch keine Signale vorgeben und festschreiben, weil sich jeder selbst überlegen sollte, welche Laute oder Begriffe ihm passend erscheinen oder schon ihre Verwendung finden. Alles ist möglich, jedoch sollte ein gewisser logischer Zusammenhang zur Übung bestehen.

Immer feiner

Hat das Pferd alle einzelnen Hilfen verstanden, so gilt die Devise, immer weniger und dezenter einzuwirken und die Körpersprache zu bevorzugen. Ziel ist es, die Hilfen für den außenstehenden Betrachter von Mal für Mal unsichtbarer zu gestalten. Im Umkehrschluss werden sie für das Pferd, das eine ausgeprägte Wahrnehmung hat, immer klarer und verständlicher. Natürlich muss bei einem sehr sensiblen Partner die Hilfengebung auch zu Beginn, deutlich angepasst werden. Der Einsatz von Hilfen ist immer hoch individuell und benötigt viel Feingefühl.
Um das Angehen wiederholend zu trainieren, bedarf es auch immer eines Anhaltens. Nur durch das Kombinieren eines „Stop & Go" wird die jeweils einzelne Aktion verbessert. Daher gilt: Beide Übungen bedingen sich gegenseitig und werden nicht getrennt geübt.

DAS ANHALTEN

Für das Anhalten müssen wir etwas umdenken, auch wenn bei dieser Übung ebenfalls ein Zusammenspiel der verschiedenen Hilfen notwendig ist. Dabei dürfen die treibenden Hilfen aber nicht vorherrschen. Zumindest beim Grundlagentraining nehmen wir die treibenden Hilfen weg und wirken vermehrt mit verhaltenden Signalen auf unser Pferd ein.
Die Aufmerksamkeit des Pferdeschülers ist besonders beim Anhalten Voraussetzung für einen erfolgreichen Stopp – ohne Zug am Seil! Eine

MERKE

Es empfiehlt sich, auch bei sehr aufmerksamen und sensiblen Pferdeschülern alle Hilfen einzusetzen, selbst wenn eine Schwerpunktverlagerung bereits zu Beginn ausreicht. Grund: Es geht um die Ausbildung der einzelnen Hilfen, damit diese im späteren Ausbildungsverlauf auch sicher abrufbar sind.

Klappt das Anhalten noch nicht so gut, kann die Gerte vor dem Kopf ausgerichtet werden.

kleine Ankündigung hilft dem Pferd: Als Vorbereitung können Sie den Oberkörper nach hinten lehnen. Dabei wird der eigene Schwerpunkt in Richtung Hinterhand des Pferdes verlagert. Sie bleiben dabei in Bewegung. Die Gerte entfernen Sie zuvor aus der treibenden Position und richten Sie nach vorn, in Richtung Kopf, aus. Halten Sie die Gerte zu Beginn etwas erhoben vor dem Kopf des Pferdes. Die führende Hand geht beim Zurücklehnen des Oberkörpers ebenfalls etwas zurück und Ihre Stimmhilfe setzt ein, kurz bevor Sie selbst anhalten.

Fällt dem Pferd das Anhalten schwer, dann können Sie das Seil in der führenden Hand annehmen. Es kann das Anhalten ebenfalls deutlich verbessern, wenn Sie die Gerte vor dem Kopf des Pferdes auf und ab bewegen. Dabei sollten Sie die Gerte mit etwas Abstand zum Kopf halten, damit die Signale besser wahrgenommen werden.

RICHTIG IN POSITION GEBRACHT: ANHALTEN

— **Körpersprache**
Schwerpunktverlagerung nach hinten Richtung Hinterhand

— **Linke Hand**
richtet die Gerte nach vorn in Richtung Kopf aus. Gerte wird von unten in die Handfläche gegriffen.

— **Rechte Hand**
hebt sich zum Halten und geht mit dem Oberköper leicht zurück, zunächst ohne direkte Einwirkung des Führseils

— **Ergänzende Hilfen**
Stimmkommando

TRAININGSTIPP

Vor dem eigentlichen Anhalten können Sie die Aufmerksamkeit Ihres Pferdes testen und damit gleichzeitig die Bereitschaft zum Anhalten überprüfen. Zur Vorankündigung lehnen Sie den Oberkörper etwas zurück. Dabei sollten Sie aufmerksam das Verhalten Ihres Schülers beobachten. Idealerweise reagiert das Pferd bereits auf diese Aktion mit einem Verlangsamen seiner Schrittgeschwindigkeit. Das wiederum ermöglicht einen besseren Stopp, weil bereits an Anhalten gedacht wird.

Aufmerksamkeit

Beim Anhalten werden alle eingesetzten Hilfen darauf ausgerichtet sein, ein aufmerksames Pferd zu schulen, welches lernt, auf die körpersprachlichen Signale zu reagieren. Ein sicheres Ergebnis dieser Lektion dient zu weit mehr als nur zum Grundgehorsam. Wie bereits erwähnt, besteht die Möglichkeit, im „Stehen" zu arbeiten und damit dem Pferd gewisse Zusammenhänge einfacher zu erklären, bevor diese in der Bewegung geübt werden.
Ein direktes Anhalten, ohne großen Aufwand oder Zug am Zügel, hilft auch in den Momenten des Lobens. Während der Ausbildung sind die Augenblicke der Belohnung sehr wichtig. Dabei kommt es auf den genauen Zeitpunkt des positiven Feedbacks an. Durch ein direktes Anhalten mit Aussetzen der Hilfen, nach einer gewünschten Reaktion, kann ein besonderes Lob übermittelt werden. Es gibt viele Beispiele, in denen Anhalten ohne Aufwand sinnvoll, hilfreich oder sogar notwendig ist.

INDIVIDUALITÄT

Es hängt immer vom jeweiligen Pferdetyp ab, ob diese Übungen „Angehen" und „Anhalten" ganz einfach sind oder zu einer gewissen Herausforderung werden. Und das ist ein Grund, warum sich viele Pferdebesitzer in ihrem Vorhaben, eine gute Kommunikationsarbeit auszuführen, verunsichern lassen.
Der Druck der Gemeinschaft in einem Pensionsstall ist häufig enorm. Informelle Strukturen und vermeintliche Besserwisser gibt es überall. Da jedes Pferd anders und auch jeder Mensch im Miteinander besonders ist, können Erfahrungen und Techniken, die ein anderer gemacht hat, nicht immer eins zu eins übernommen werden. Auf dem Gestüt Moorhof haben wir uns über Jahre hinweg auf die Ausbildung vieler Pferderassen und -typen konzentriert. Eine wichtige Erkenntnis, die wir daraus gewonnen haben, ist die Tatsache, dass jede Rasse, jeder Typ, immer in Abhängigkeit zu seinem Menschen gesehen werden muss. Damit bedarf es immer auch einer eigens angepassten Art der Kommunikation und Vermittlung. Was dem einen problemlos zufällt, bleibt für den anderen ein großer Wunsch.
Aus diesem Grund sollte jeder bei der Betrachtung anderer Pferdebesitzer nicht zu schnell urteilen, sondern die Individualität des Einzelnen sehen und sich miteinander freuen. Reitkunst in allen ihren Facetten bedeutet auch immer, Teil einer Gemeinschaft zu sein und sich an der Schönheit der Pferde zu erfreuen. Denn die Liebe zum Pferd verbindet uns alle!

DAS TEMPO KONTROLLIEREN

Aus dem Stop-&-Go-Training resultiert die Tempokontrolle, denn zwischen dem Gehen und Stehen befindet sich das Bestimmen der Geschwindigkeit. Tempokontrolle bedeutet ein Verlangsamen und Beschleunigen, welches nicht mit Versammlung verwechselt werden darf. Gleichwohl trägt es zu einer späteren Versammlungsfähigkeit entscheidend bei.
Die problemlose und direkte Regulierung des Tempos sollte ebenfalls ohne einen Zug an der Longe ausführbar sein, da bei allen späteren Trainingsmethoden (wie beispielsweise dem Longieren) ein Zug an der Longe die gesamte Arbeit und Haltung des Pferdes zerstören würde. Das bedeutet nicht, dass die Ausbildung von Longen-Hilfen keine Verwendung findet. Ganz im Gegenteil, die Longe als Hilfsmittel hat den gleichen Stellenwert wie der Zügel beim Reiten. Wie bereits bei den vorangegangenen Übungen erwähnt, wird auch bei der Geschwindigkeitskontrolle ein Zusammenspiel wichtig.

VERLANGSAMEN

Zum Verlangsamen erfolgt eine leichte Schwerpunktverlagerung des eigenen Oberkörpers in Richtung Hinterhand. Diese hat Ähnlichkeit mit der zurücklehnenden Position für das Anhalten, muss jedoch in der Intensität deutlich verringert werden. Als inneres Bild hilft folgende Vorstellung: Anhalten, aber kurz bevor alle vier Füße stehen, laufen wir langsam weiter.
Die Körpersprache sollte auch bei dieser Übung als Erstes einwirken, ehe die führende Hand mitsamt Longe und Gerte zum Einsatz kommt. Die führende Hand wird aus der vorgestreckten Haltung zurückgenommen und rückwärts zum eigenen Körper geführt. Die Hand folgt somit der Oberkörperausrichtung, zunächst ohne direkten Kontakt zum Zaumzeug. Nehmen Sie die Gerte beim Verlangsamen aus der treibenden Position, um das Pferd nicht zu verwirren. Sie können sie zur Unterstützung vor das Blickfeld des Pferdes halten, um optisch die Bewegung etwas einzuschränken. Aber auch beim Einsatz der Gerte muss die Intensität berücksichtigt werden: Ein zu intensives Einwirken führt zum Anhalten. Das ist kein großer Fehler, sondern nur eine Information an uns, dass wir beim nächsten Versuch etwas feiner mit unseren Signalen haushalten müssen. Hat das Pferd Schwierigkeiten, die Signale zu deuten, kommt das Führseil zum Einsatz und kann durch ein leichtes Annehmen unterstützend wirken.
Achtung: Die Einwirkung muss parallel zum Körper des Pferdes erfolgen und darf keinen seitlichen Zug vermitteln.
Es ist richtig, dass sowohl Anhalten als auch Tempo-Unterschiede neben der verhaltenden Hilfe auch eine treibende Tendenz beinhalten sollten. Vergessen wir aber nicht, dass wir uns bei der Führarbeit zunächst noch in den Kinderschuhen der Ausbildung befinden. Wir schaffen jetzt erst einmal ein Fundament für komplexere Zusammenhänge.

TRAININGSTIPP

Unabhängig von der gewünschten Aktion sollten nur kurze Abfragen verlangt werden und uns schnell zufriedenstellen. Am Anfang ist bei jeglicher Reaktion Freude und ein lobendes Feedback vonseiten des Ausbilders wünschenswert.

Zum Verlangsamen kann die Gerte nach vorn gerichtet sein.

Loben Sie ausführlich jede richtige Reaktion.

Beim Zulegen der Geschwindigkeit muss ein sichtbares Vorwärts in der eigenen Körpersprache entstehen.

BESCHLEUNIGEN

Können wir verzögernd auf das Tempo eingehen und es kontrolliert abrufen, wird es Zeit für ein leichtes Zulegen.

Zum Beschleunigen sollten Sie im eigenen Körper die Schwerpunktverlagerung in einem sichtbaren Vorwärts ausdrücken. Bauen Sie dabei mehr Energie auf als beim normalen Arbeitsschritt. Es wird ein gewisses Maß an Körperspannung benötigt, um ein verstärktes Vorwärtssignal zu erzeugen. Zur Unterstützung kann die Gerte wie beim Angehen aus dem Stehen zur Hinterhand des Pferdes weisen. Ein stimmliches Signal sollten Sie unbedingt hinzufügen, weil es viele zukünftige Momente geben wird, an denen etwas mehr Grundenergie aufgebaut werden muss. Gelingt dies durch ein einfaches Stimmsignal, erleichtert es eine ganze Menge. Hierbei möchte ich betonen, dass es sich nicht um ein Ausführen von Verstärkungen handelt, welches dem mitlaufenden Menschen sicherlich Schwierigkeiten bereiten

RICHTIG IN POSITION GEBRACHT: TEMPOWECHSEL

- **Körpersprache**
  Zulegen: Schwerpunktverlagerung leicht nach vorne
  Verlangsamen: Schwerpunktverlagerung leicht nach hinten
- **Linke Hand**
  hält Schlaufen und Gerte und kommt dosiert zum Einsatz: entweder vor dem Kopf oder in Richtung Hinterhand
- **Rechte Hand**
  weist in die Bewegungsrichtung beim Zulegen. Beim Verlangsamen wird die Hand wieder zurückgenommen.
- **Ergänzende Hilfen**
  Stimmkommandos kommen in beiden Fällen zum Einsatz

Auch phlegmatische Pferde können durch ein abwechslungsreiches Ausbildungsprogramm motiviert werden.

würde. Es ist vielmehr als eine Aufmunterung zu sehen, die in Abhängigkeit vom Pferd mehr oder weniger wichtig ist.
Habe ich temperamentvolle Pferde, sowie es bei meinen beiden Pferden Fleur de Lys und Luzian der Fall ist, muss die Aufforderung zu beschleunigen behutsam erfolgen. Ich gebe die Anweisungen sehr dosiert, damit keine angespannte Situation entsteht. Dennoch profitiert das temperamentvolle Pferd ebenfalls von der kontrollierten Schulung der Geschwindigkeit.
Der ruhige oder eher phlegmatische Typ wird das spontan abrufbare Beschleunigen im Gang als eher schwierig empfinden. Bei richtiger Ausführung kann aber eine Verbesserung der Aufnahmefähigkeit erreicht werden. Umso monotoner und gleichbleibender der ruhige Pferdetyp etwas ausführen muss, desto gelangweilter oder schläfriger kann er werden.
Das beste Beispiel in meinem Stall ist Udeu! Er ist ein Pferd reiner spanischer Rasse – dieser Rasse wird gern ein feuriges Temperament nachgesagt. Bei Udeu dauert es aber immer ein wenig, bis die Flamme so richtig entfacht ist. Ihm hilft es nicht viel, wenn er lange monoton im Schritt seine Runden dreht. Er möchte etwas Action und Unterhaltung im Programm, was mit kleinen Tempounterschieden gut erreicht werden kann. Bereits zu Anfang einer Trainingseinheit kann das im kontrollierten Maße abgefragt werden und hilft hervorragend, müde Pferde munter zu machen.

ABWECHSLUNG

Abwechslung ist ein wichtiger Faktor. Wir sollten aber immer realistisch bleiben und bewusst mit unseren Möglichkeiten umgehen. Bei der Grundausbildung ist ein abwechslungsreicher Trainings- und Unterhaltungsplan besonders wichtig, es kann aber nur so viel Abwechslung geboten werden, wie zum momentanen Ausbildungsstand abrufbar ist.
Hüten wir uns also davor, durch falsch verstandene Abwechslung das Pferd zu überfordern oder gar zu verärgern. Befinde ich mich in den ersten Grundübungen, so kann ich am nächsten Tag nicht einfach mal zur Abwechslung piaffieren!
Die Basisschulung in ihrer Vielfältigkeit wird zu

Wenn angehen, anhalten und die Tempokontrolle klappen, folgt der Trab.

Beginn als wichtiger Baustein innerhalb der Ausbildung angesehen, immer in Abwechslung mit den daraus resultierenden Möglichkeiten. Danach stehen alle Türen offen.

IM TRAB

Klappt das Angehen, Anhalten und die Tempokontrolle im Schritt, fragen wir die Grundübungen auch im Trab ab (sofern die Gangart Trab vorhanden ist oder unproblematisch erscheint). Bitte vergessen Sie nicht, dass es Rassen gibt, die keinen direkten Trab von Natur aus mitbringen oder Pferde, die große Schwierigkeiten haben, einen ruhigen und taktreinen Trab neben dem Menschen auszuführen. Meist wird es aber kein Problem werden, den Trab ins Führtraining zu integrieren. Dabei geht es nicht um lange Strecken, wie sie im Schritt leicht ausgeführt werden können, sondern nur um das Abrufen von bereits gelernten Kommunikationssignalen.
Wir werden immer fitter im doppelten Sinne: Zum einen verbessert sich die Koordination der Hilfen und Hilfsmittel um ein Vielfaches, zum anderen ist ein bisschen Kondition auch für den Reiter sinnvoll. Für die richtig Sportlichen unter Ihnen darf es auch gern mal eine Prise Galopp sein. Wobei ich anmerken möchte, dass der Galopp (außer beim Longieren) einen gewissen Versammlungsgrad haben sollte, damit der Mensch mithalten kann. Muss ich zu viel mitrennen, kann das Stress beim Pferd auslösen.
Somit ist der Trab zu Beginn die beste Gangart zur Schulung des eigenen Körperbewusstseins für schnellere Gangarten. Spätestens bei der Handarbeit kommen alle Galopp-Fans auf ihre Kosten und dürfen Sport und Spaß bei der Sache vereinen!

TRAININGSTIPP

Besonders in der kalten Jahreszeit hilft ein wenig Führtraining hervorragend, um sich gemeinsam aufzuwärmen und einer Spannung beim Reiten vorzubeugen. Wir dürfen nicht vergessen, dass die wenigsten Reiter vor dem Aufsitzen ein Warm-up-Programm machen, obwohl das gerade im Winter von Vorteil wäre.

WENDEN LINKS UND WENDEN RECHTS

Sobald Einigkeit über die Ausführung von stehen, gehen, schneller und langsamer besteht, wird die Richtung bestimmt. Hierbei muss unterschieden werden zwischen dem Wenden in Richtung Führposition und dem Wenden von der Führposition weg.
Zum besseren Verständnis stellen wir uns vor, auf der linken Hand am Hufschlag entlang der Bande zu führen. Dabei stehen wir links vom Pferd in der seitlichen Partnerposition und laufen gleichmäßig geradeaus, ohne die Position zum Pferd zu verändern. Nehmen wir nun einen Handwechsel vor und wenden „links um" vom Hufschlag weg in die Bahnmitte hinein, wird das Pferd aufgefordert, sich mit uns in Richtung unserer Führposition zu drehen.
An der nächsten langen Seite angekommen folgt ein Handwechsel, ohne dass wir dabei die eigene Position verändern. Wir wenden auf die rechte Hand des Pferdes, bleiben aber weiterhin in der Führposition links neben der Schulter. So kommt es zu einer Wendung von der Führposition weg. Die Position neben dem Pferd hat sich nicht verändert, aber durch den vorgenommenen Handwechsel entsteht eine Außenposition. Das bedeutet, dass wir uns zwischen der Bande und dem Pferd befinden und folglich alle Ecken durch ein stetiges „Von-uns-Wegwenden" durchlaufen. Das Wenden von innen und außen ist eine wichtige Übung und Basis für die Biegearbeit und die daraus resultierenden Möglichkeiten, wie beispielsweise die Handarbeit.
Bei der Biegearbeit gibt es zwei Biegungsrichtungen, eine nach links und eine nach rechts. Sobald wir uns neben dem Pferd positionieren, verwenden wir die Begriffe „um den Ausbilder herumbiegendes Pferd" oder „vom Ausbilder wegbiegendes Pferd". Die werden wir bei der Biegearbeit am Kappzaum wieder aufgreifen.

TRAININGSTIPP

Richtiges Wenden sollte ausführlich trainiert werden, da Sie es bei der gymnastizierenden Arbeit immer wieder benötigen. Beim Wenden von außen geführt biegt sich das Pferd vom Ausbilder weg in die Laufrichtung hinein (siehe Bild unten). Das Führtraining bereitet Mensch und Pferd bestens auf die kommende Herausforderung vor – damit Sie und Ihr Partner Pferd direkt in allen forgeschrittenen Bodenarbeitsmethoden zu einer optimalen Verständigung finden.

Beim Wenden von außen biegt sich das Pferd in die Laufrichtung, aber vom Ausbilder weg.

BAHNFIGUREN

„Durch den Zirkel wechseln" ist eine hilfreiche Übung, um das Wenden in beide Richtungen zu verbessern. Wechseln Sie mehrfach – in Form einer Acht – können Sie die Hilfen gut überprüfen. Auch Schlangenlinien durch die ganze Bahn lockern die Arbeit auf und verbessern den Bewegungsablauf spielerisch.
Beim Führen von Wendungen ist es ähnlich wie beim Reiten: Der Mensch schaut dorthin, wohin er gehen möchte. Gehen Sie flüssig und ohne zu stocken. Jedes Zögern oder Verharren überträgt sich auf das Pferd. Nur die Handeinwirkung unterscheidet sich vom Reiten etwas: Soll das Pferd nach links in Richtung Führposition wenden, zeigen Sie dies mit der führenden Hand an. Diese bewegt sich nach links vom Pferd weg, in die gewünschte Richtung.
Sobald es zur Wendung kommen soll, erfolgt das Ausrichten des Oberkörpers. Beide Schultern drehen sich nach links und folgen der führenden Hand. Damit drehen sich auch Hüfte und Füße

01

02

01 Beim Wenden muss darauf geachtet werden, dass Sie Ihre Position neben der Schulter des Pferdes nicht verändern.

02 Ihre eigenen Schultern drehen sich in die neue Bewegungsrichtung. Dabei kann die führende Hand in die Wendungsrichtung zeigen.

03 Danach geht es zum Abschließen der Wendung wieder geradeaus.

03

RICHTIG IN POSITION GEBRACHT: WENDUNGEN

- **Körpersprache**
  Drehung der eigenen Schulter, Hüfte und Zehenspitzen in die neue Bewegungsrichtung
- **Linke Hand**
  treibt bei Tempoverlust oder reduziert ein zu rasches in die Kurve laufen
- **Rechte Hand**
  Weist als Erstes in die neue Bewegungsrichtung
- **Ergänzende Hilfen**
  nicht notwendig außer zur Tempokontrolle

und führen das Wenden aus. Idealerweise bleibt das Führseil in der führenden Hand locker durchhängend. Klappt das zu Beginn noch nicht, wird durch leichten Kontakt am Seil die Wendung unterstützt. Die Gerte richtet sich je nach Bedarf aus!
Es kann passieren, dass die Wendung das Pferd zum Stocken bringt und wir damit die seitliche Führposition verlieren. In diesem Fall wird ein Nachtreiben notwendig, welches bereits durch die Tempokontrolle geschult wurde und somit jederzeit abrufbar ist.

UNTERSCHIEDLICHE WEGSTRECKEN

Bei den unterschiedlichen Arten der Wendung ändert sich die zurückzulegende Strecke für Mensch und Pferd. Führen wir eine Wendung in Richtung Führposition aus, so hat das Pferd den längeren Weg. Es läuft auf der Außenlinie, während der Mensch sich innen auf der „Überholspur" befindet. Wir können uns also fast auf der Stelle drehen, ohne die eigene Bewegung im Körper zu verlieren. Dabei muss sichergestellt sein, dass wir nicht vor den Kopf des Pferdes laufen. Anders verhält es sich bei den Wendungen von der Führposition weg. Der Ausbilder befindet sich nun auf der Außenlinie und muss einen längeren Weg gehen. Gehen Sie mit etwas größeren Schritten, beginnend in dem Moment, in dem Sie in die neue Bewegungsrichtung hineinweisen. Damit vermeiden Sie ein Zurückfallen und kommen nicht hinter die Bewegung des Pferdes. Stürzt das Pferd übereilt in die Wendung, müssen Sie die treibende Haltung aufgeben und mit verhaltenden Hilfen auf das Pferd einwirken. Hier wird deutlich, warum bei der Führarbeit zuerst „Stop & Go" sowie die richtige Tempokontrolle geschult wird. Das Pferd wird mit der Zeit lernen, die Bewegungen des Menschen zu deuten und dementsprechend zu reagieren, um in der Partnerposition zu bleiben.

01 Ohne die Führposition zu verändern, kann die Wendung nach rechts erfolgen.

02 Wenn Sie von außen wenden, sollten Sie die Schulterposition verlassen und neben dem Kopf führen. Wichtig: Immer mit ausreichendem Abstand, damit Ihr Pferd die Hilfen gut erkennen kann.

03 Achten Sie darauf, dass sich Ihr Pferd während der Wendung nicht hinter Ihrem Rücken versteckt oder auf Ihre andere Körperseite läuft.

01

02

RÜCKWÄRTSRICHTEN

Das Rückwärtsrichten ist eine Grundübung, die während der anfänglichen Führarbeit entwickelt wird. Viele Situationen bei der weiterführenden Bodenarbeit benötigen ein leicht abrufbares Rückwärtsrichten. Auch im Alltag wie beispielsweise am Putzplatz braucht man den ein oder anderen Rückwärtsschritt. Je besser ein Rückwärtsrichten in der Bodenarbeit abrufbar ist, desto leichter wird es vom Sattel aus funktionieren.
Für die Rückwärtshilfe neigen Sie den Oberkörper leicht nach hinten, um ein vorbereitendes Signal zu geben. Erst dann machen Sie die ersten Rückwärtsschritte. Geht der Mensch zu früh und schnell rückwärts, ohne Ankündigung, kommt es leicht zu Missverständnissen.
Die Führposition neben dem Pferd muss auch beim Rückwärtsrichten bestehen bleiben. Gehen Sie zu weit in Richtung Hinterhand, geraten Sie in eine vermehrt treibende Position und das Rückwärtstreten des Pferdes kann gestört werden. Zum besseren Verständnis dürfen auch hier Seil und Gerte eingesetzt werden: Geben Sie am Seil einen gleichbleibenden, annehmenden Impuls in Richtung Pferdekörper. Wurde die Longe am Halfterring des Kappzaums befestigt, wird der Impuls rückwärts in Richtung Brust/Hals ausgeführt.

TRAININGSTIPP

Wie immer ist weniger mehr! Eine ganze Pferdelänge rückwärts ist das erklärte Ziel. Zu Ausbildungszwecken reicht aber am Anfang ein einziger Schritt vollkommen aus, um unsere gewünschte Absicht klar zu vermitteln. Weitere Schritte folgen automatisch mit dem richtigen Verständnis für die Sache.

03

Beim Rückwärtsrichten sind die Hilfen ähnlich wie beim Anhalten. Das Stimmkommando sollte sich jedoch klar unterscheiden.

Für eine bessere Führung muss die Longe sehr nah am Halfterring gefasst werden.
Vor dem Rückwärtsrichten kann zudem ein Blick in die eigens angefertigte Vokabelliste nicht schaden, denn auch hier hilft die Unterstützung mit einem Stimmsignal.
Aber Achtung! Kaum eine andere Übung wird mit so viel stimmlicher Verwirrung ausgeführt wie das Rückwärtsrichten. Es ist ein Phänomen, das besonders für das Rückwärtsrichten häufig mehrere Stimmkommandos eingesetzt werden, die unterschiedlicher nicht sein können und zu Verwirrung führen, statt zu Klarheit beizutragen. In der Regel werden die gleichen Signale verwendet wie beim Angehen oder für das Aktivieren des Pferdes. Es sollte unbedingt auf ein eigenes Kommando für diese Übung geachtet werden!

☞ RICHTIG IN POSITION GEBRACHT: RÜCKWÄRTSRICHTEN

- **Körpersprache**
  Sie stehen links vom Pferd in Position 1. Der Oberkörper lehnt sich parallel zum Pferd Richtung Hinterhand
- **Linke Hand**
  treibt mit der Gerte vor dem Pferd rückwärts
- **Rechte Hand**
  unterstützt durch rückwärtswirkenden Impuls am Seil
- **Ergänzende Hilfen**
  eigenständiges stimmliches Signal mit deutlichem Unterschied zum angehenden Kommando

FÜHRPOSITION 2: VOR DEM PFERD

Die Führposition 2 ist auch die Grundposition der gymnastizierenden Basis-Bodenarbeit am Kappzaum. Sie dient der Entwicklung der Grundhilfen. Es wird von der „folgenden Position" oder auch „Frontposition" gesprochen, da der Mensch rückwärtslaufend vor dem Pferd geht. Das kann bei manchen Pferden zunächst zu einer gewissen Unsicherheit führen, weil man optisch gesehen dem Pferd im Weg steht. Auch der Mensch fühlt sich beim Rückwärtsgehen häufig unsicher, da es nicht zu den alltäglichen Bewegungsrichtungen zählt. Dieser Umstand sollte keinesfalls zu einer Blockade der Vorwärtsbewegung führen. Daher bedarf es hier eines intensiven Trainings.

Das Pferd lernt, dem Menschen zu folgen, wobei sich Kopf und Körper des Pferdes auf die Linie des rückwärtslaufenden Menschen ausrichten. Mensch und Pferd bleiben in dieser Position immer einander zugewandt.
Der Mensch muss nun im Rückwärtslaufen alle Grundübungen abfragen, die bereits in der Partnerposition/Führposition 1 erarbeitet wurden: das Stop & Go, die Tempokontrolle, das Wenden und auch das Rückwärtsrichten. Wir dürfen nicht davon ausgehen, dass die bereits in der Position neben dem Pferd erfolgreich absolvierten Übungen in der Führposition 2 auf Anhieb ebenso funktionieren.

Durch das Rückwärts vor dem Pferd den Überblick behalten ...

Alle dafür notwendigen Signale wurden erklärt, aber im Zusammenhang mit der neuen Position zum Pferd müssen diese erst einmal zur Routine werden. Es ist also durchaus keine Selbstverständlichkeit, dass alle Übungen direkt abrufbar sind. Hinzu kommen zwei weitere Übungen, die in der Frontposition wichtig werden: Wir benötigen ein „spurtreues Laufen" und einen „bewussten Spurwechsel". Wichtig ist, zunächst ein sicheres und spurtreues Folgen zu entwickeln, als Voraussetzung für Aufmerksamkeit und Lernbereitschaft des Pferdes.

Das richtige Distanzverhalten …

… trägt entscheidend zum Erfolg bei.

DISTANZ

Ehe wir in dieser Führposition vor dem Pferd arbeiten und die Grundübungen abfragen können, ist ein Training erforderlich, das den richtigen Abstand entwickelt. Ein gleichbleibendes Einhalten der Distanz ist die erste wichtige Lektion, um Konflikte wie beispielsweise einen Zusammenstoß von Mensch und Pferd zu verhindern. Um einen gleichbleibenden Abstand zu erhalten, muss zunächst sichergestellt werden, dass man nicht zu langsam ist – und das ist gar nicht so einfach! Rückwärtslaufend vor dem Pferd hat der Mensch ein verändertes Geschwindigkeitsempfinden. In aller Regel gehen wir rückwärts wesentlich langsamer als vorwärts. Das ist ein großes Problem für das Pferd und ein „Drängeln" ist häufig nur der Wunsch nach mehr Raum für eine korrekte Bewegung.
Das Arbeitstempo darf unter keinen Umständen unter der Frontposition leiden! Kommt es trotzdem zu einem Distanzverlust, so ist die Gerte ein wichtiges Hilfsmittel. Häufig genügt es, sie nur in Richtung Brust des Pferdes auszurichten, um einen optischen Distanzregler zu erhalten. Reicht das nicht aus, können Sie die Gerte von rechts nach links vor der Brust des Pferdes bewegen, um den gewünschten Abstand deutlich zu vermitteln. Sie werden merken, dass dieses „Wedeln" meist den notwendigen Freiraum sichert. Vergessen Sie nicht, dass die andere Hand (also die führende Hand) etwas Abstand zum Kappzaum haben muss, damit sich das Pferd auch distanzieren kann.
Ähnlich wie bei der Partnerposition benötigen wir diesen Abstand zum Pferd auch als Grundlage für eine gute Verbindung. Das richtige Distanzverhalten spielt eine entscheidende Rolle für die Aufmerksamkeit und das korrekte Ausführen von Übungen. Je nach Pferdetyp kann die Frontposition ein Pferd animieren, recht schnell zu folgen und immer mehr Nähe zum Menschen zu suchen. Aber auch das Gegenteil kann eintreten, und es wird sich aufgefordert fühlen, langsamer zu laufen. Wie immer gilt es hier korrekt zu unterstützen, um Missverständnisse so gut es geht zu vermeiden. Das aktive Pferd muss lernen, den richtigen Abstand einzuhalten und ein Zulegen des Tempos nur auf Abruf auszuführen. Das ruhige Pferd benötigt eher Motivation, um im gewünschten Tempo zu folgen und sich nicht vom Strick ziehen zu lassen.
In beiden Fällen ist es wichtig, die eigene Grundposition vor dem Pferd nicht zu verlassen. Sowohl beim Einfordern des Abstands als auch später bei der Aufforderung zu unterschiedlichen Tempi benötigt man die korrekte Beibehaltung der Führposition. Nur zu schnell passiert es, dass wir beim Versuch zu treiben auf das Pferd zugehen, um besser an die Hinterhand zu gelangen. Ähnlich ist es bei den Abstandskorrekturen: Läuft man rückwärts vor dem Pferd, so geht eine Korrektur häufig mit einem Verlangsamen des eigenen Gehens einher. Das wiederum führt zu Verwirrung beim Pferd.

ABSTANDS- UND LINIENKONTROLLE

Das Erarbeiten eines korrekten Abstands zum Pferd funktioniert nur im Zusammenhang mit einer korrekt ausgeführten Linie. Dabei muss konsequent an der Einhaltung der Spur (Mensch und Pferd) gearbeitet werden.
Das Pferd lernt dabei, seinem Menschen auf Schritt und Tritt immer spurgetreu zu folgen.

Nur durch die richtigen Handgriffe werden die Hilfen verständlich.

Die rechte Schulter des Pferdes wird aufgefangen.

Die linke Schulter des Pferdes wird aufgefangen.

Das ist eine Anforderung, die sich in Wendungen schwierig gestalten kann. Verlässt das Pferd die Spur, benötigen wir zu Beginn Korrekturen über die Körpersprache und die Gertenhilfen.
Denken Sie immer daran, dass Ihre eigene Händigkeit ein großer Prüfstein ist. Auch beim Führtraining wird das bevorzugte Arbeiten auf einer bestimmten Hand (rechter oder linker Hand) zu Schwierigkeiten führen. Aus meiner Sicht kommt man um ein intensives Lauftraining nicht herum, will man ein besseres Körperbewusstsein bekommen.
Das Arbeiten entlang der Bande kann zum anfänglichen Spurtraining sowie zur Verbesserung der eigenen Koordination und Orientierung hilfreich sein. Dennoch sollten Sie die Bande schnellstmöglich meiden und sich zur Überprüfung Ihrer Führqualitäten frei in der Halle bewegen. Ohne die Begrenzung durch die Bande wird ein unsicheres oder schwankendes Führen und Folgen schnell sichtbar.
Beim Wenden ist besonders auf die eigene Schulterausrichtung zu achten. Sie müssen beide Schultern in die neue Bewegungsrichtung drehen, ohne dabei in der Hüfte einzuknicken. Die Drehung des eigenen Körpers hat einen entscheidenden Einfluss auf das folgende Pferd. Geht das spurtreue Folgen verloren, weicht das Pferd beispielsweise über die äußere Schulter aus, müssen Sie sich korrigieren.
Führen Sie die Gerte unter dem Führseil durch und richten Sie sie neben der ausfallenden Schulter aus. So begrenzt sie die äußere Schulter und verhindert ein weiteres Entfernen von der gewünschten Linie. Das Gleiche gilt für die andere Schulter. Es wird also ein wechselseitiges Einrahmen der Schultern gewährleistet, bis das spurtreue Folgen einsetzt. Danach wird die Gerte in einer neutralen Haltung mittig vor dem eigenen Körper ausgerichtet und kommt erst wieder zum Einsatz, wenn die Spur verloren geht.
Stets ist darauf zu achten, wer aus der Linie ausbricht. Ist es der Mensch, der seine Orientierung verliert, so darf das Pferd dafür nicht korrigiert werden, das würde zu Unsicherheiten führen. Verliert Ihr Pferd die Richtung, dient die Gerte als auffangende Hilfe. Zügiges Gehen hilft, zurück in die Spur zu finden.

ANGEHEN UND ANHALTEN

Läuft man in der Frontposition vor dem Pferd, so kann das Anhalten und Angehen zu einer neuen Herausforderung werden. Durch das Rückwärtslaufen will man sein Gegenüber zu einem stetigen Folgen animieren. Ein plötzliches Anhalten kann in Folge schnell zu einem Zusammenstoß von Mensch und Pferd führen. Ziel ist es, einen immer gleichbleibenden Abstand zu bewahren, sodass beide Parteien ihren eigenen „Arbeitsbereich" haben.

Das ist eine wichtige Voraussetzung, um komfortabel und ohne Bewegungseinschränkung Hilfen zu vermitteln und Aktionen auszuführen. Ist das Pferd aufmerksam und achtsam, so wird es auf ein Anhalten des Menschen ebenfalls stehen bleiben. Klappt dies zu Beginn noch nicht, wird die Stimmhilfe immer vor dem eigenen Anhalten eingesetzt.

Eine weitere wichtige Hilfe ist die Gerte: Durch das Positionieren der Gerte in Richtung Brust kann ein Stoppsignal besser vermittelt werden. Auch das Berühren an der Brust kann der Körpersprache Unterstützung bieten. Ein Einwirken mit Hilfe des Führseils ist in der Frontposition ebenfalls möglich. Jedoch sollte das Anhalten in dieser Position bewusst ohne direkte Handeinwirkung geschult werden. Damit wird die Achtsamkeit des Pferdes auf die Körpersprache des Menschen erhöht. Ein reines Vibrieren oder Schütteln des Führseils hat dabei schon einen großen Effekt.

TRAININGSTIPP

Sollte das Pferd nicht stabil in der Spur bleiben, darf die führende Hand mehr Kontakt zum Kappzaum aufbauen. Dabei empfiehlt es sich, am mittleren Ring des Kappzaums zu führen, damit das Seil nicht unter dem Kinn drückt. Der stete Kontakt wirkt einladend und hält das Pferd vermehrt in der Spur. Dabei handelt es sich nicht um einen Zug, sondern um einen sanften Kontakt, der von der Intensität her Ähnlichkeit hat mit der reiterlichen Anlehnung (Verbindung zwischen Reiterhand und Pferdemaul).

Zum Anhalten richten Sie sich auf, heben leicht die führende Hand und positionieren die Gerte vor die Brust.

Zum Angehen werden Sie wieder weich und einladend in Ihrer Körpersprache.

Spurtreues Laufen und Kontrolle des Abstandes führen zu einem guten Stopp. Zwangsläufig folgt nach jedem Anhalten ein erneutes Treiben in die Bewegung. Beim Angehen darf man (wie oben bereits erwähnt) niemals vergessen, dass man vor dem Pferd steht. In dieser Führposition gewinnt der Mensch eine Präsenz, die für das Pferd neu ist. Die Wahrnehmung des Pferdes verändert sich, der Teampartner wird plötzlich als „verstärkt anwesend" empfunden. Das kann leicht eine

Blockade auslösen, denn das Pferd wird sich immer an der Ausstrahlung des Partners orientieren. Folglich muss die Körpersprache des Führenden eine deutliche Einladung aussprechen und sichtbar machen.
Möchten Sie im Schritt antreten, lehnen Sie den Oberkörper etwas zurück und laufen dann rückwärts vor dem Pferd los. Der erste Schritt öffnet nun die „Tür", damit das Pferd hineintreten kann in die Bewegung. Die Gerte heben Sie dabei seitlich vom Pferd an, sie zeigt in Richtung Hinterhand, um das aktive Antreten zu unterstützen. Auch hier ist es hilfreich, wenn das Führseil durch ein einladendes Annehmen (Hand bewegt sich in Richtung Bauchnabel) wegweisend wirkt. Damit können Sie einen „folgenden" Effekt erzielen und direktes spurtreues Loslaufen unterstützen. Sobald das Pferd sich in die Bewegung einfindet, kann die Gerte wieder tief genommen werden und sich für mögliche Spurkorrekturen bereithalten. Wie immer darf und sollte die Stimme beim Angehen unterstützen, vor allem bei unsicheren Pferden, denen ein Antreten schwerfällt.

RÜCKWÄRTSRICHTEN

Das Rückwärtsrichten ist weitaus mehr als nur eine Standardübung in der Grundausbildung! Es hilft auch bei kleinen Abstandskorrekturen und sollte deshalb problemlos ausführbar sein.
Es gibt zwei Varianten, das Rückwärtsrichten abzurufen. Bei der ersten Variante entfernen Sie sich nicht aus der Position. Vielmehr bleiben Sie ruhig stehen und fordern das Pferd auf, sich rückwärts zu entfernen. Die führende Hand wird angehoben und fordert so zum Rückwärts auf. Sie können dabei auch leichte Wellenbewegungen mit dem Seil ausführen. Setzen Sie die gleiche Stimmhilfe ein, die Sie bereits in Führposition 1 ausgebildet haben, um das Pferd rückwärtstreten zu lassen. Die Gerte kann in Richtung Brust zusätzlich auffordernd wirken und die anderen Signale unterstützen. Bei der zweiten Variante gehen Sie auf das Pferd zu und nehmen seinen Raum ein. Gehen Sie bestimmend in seine Richtung und heben Sie beide Hände auf Höhe der Nüstern an. Stimme und Gerte dürfen mithelfen. Die verschiedenen Varianten werden je nach Situation angewendet. Ist das Pferd aufmerksam und Sie benötigen nur etwas mehr Distanz zum Pferd, um beispielsweise das Angehen mit korrektem Abstand zu trainieren, sollte sich das Pferd zunächst etwas entfernen. Ist das Pferd nicht sehr achtsam und kommt es häufig zu kleinen Zusammenstößen, kann ein aktives Einnehmen des Raumes die nötige Achtsamkeit fordern.

SPURWECHSEL

Ist ein sicheres Folgen entwickelt und haben wir die Aufmerksamkeit unseres Pferdes gewonnen, geht es mit den Spurwechseln los. Das klingt etwas verwirrend, nachdem man endlich die richtige Spur entwickelt hat? Es ist aber eine ideale Übung, um später harmonisch von einer Bodenarbeitsposition zur nächsten zu wechseln. Das Spurwechsel-Training hilft beispielsweise, um einen fließenden Übergang in das Longieren auszuführen. Sicherlich hat jeder schon mal erlebt, dass ein Pferd fragend schaute, einfach stehen blieb oder unruhig losrannte, wenn mit dem Longieren begonnen wurde. Häufig sind es Schrittfehler des Menschen oder das vermeintliche „Wegschicken" nach außen, die zum Auslöser des Problems werden. Das und vieles mehr verändert sich positiv, wenn Sie in der Lage sind, den Spurwechsel deutlich zu kommunizieren. Um dies zu erreichen benötigen Sie aber ein klares inneres Bild, von welcher Spur in eine neue Spur gewechselt werden soll.
Zu Beginn sollte das Pferd weiterhin korrekt – ausgerichtet auf einer gemeinsamen Linie – folgen.

TRAININGSTIPP

Weisen Sie nicht nur auf den zweiten Hufschlag, sondern fragen Sie auch mal nach mehr Distanz – gerne in Richtung dritter, vierter oder gar fünfter Hufschlag. Das bringt mehr Sicherheit in Ihre Hilfengebung und ermöglicht, beliebig auf die gewünschte Distanz einzugehen.

Beim Rückwärtsrichten verlagern Sie Ihren eigenen Schwerpunkt in Richtung Pferd.

MERKE
Mit dem ersten Hufschlag ist die Linie gemeint, auf der Sie sich zusammen mit Ihrem Pferd bewegen.

Zum besseren Verständnis nennen wir diese Linie den ersten Hufschlag, auch wenn man bei dieser Übung nicht entlang der Bande führen darf. Möchten Sie nun einen Wechsel der Spur vornehmen, wird das Pferd aufgefordert, auf den zweiten Hufschlag (neben Ihrer Laufline) auszuweichen. Dabei setzen Sie die Gerte parallel hebend zur Schulter ein. Sie animiert das Pferd, sich von der alten Linie zu entfernen. Die Führhand zeigt dabei seitlich in die gewünschte Richtung. Das ist eine wichtige Hilfe, die es dem Pferd erleichtert, stressfrei zwischen dem Folgen in der Spur und dem Folgen neben der Spur zu unterscheiden. Die seitlich gestreckte Armposition der führenden Hand bleibt dabei immer gleich. Schließlich geht es um das eindeutige Signal *„Wegbewegen erlaubt"*.
Im Anschluss sollte immer ein Einladen zurück in die Ausgangsspur erfolgen. Dabei nehmen Sie die führende Hand/den Arm wieder vor die Körpermitte und machen eine weiche, einladende Geste. Kommt das Pferd nicht zurück, können Gerte und das Führseil ebenfalls unterstützen. Bei diesem Training wird eine geschmeidige Führung der Schulter erarbeitet, aber auch die Bereitschaft des Pferdes geschult, auf kleinste Gertenanweisungen hin seinen Körper nach rechts und links zu versetzen.

MERKE
Führigkeit ermöglicht es, „Hunderte von Kilos" durch die Kraft der Gedanken zu steuern!

FÜHRPOSITION 3: IN LONGENHALTUNG

In der dritten Führposition gehen wir wieder vorwärtslaufend neben Hals beziehungsweise Schulter des Pferdes. Es gibt jedoch einen großen Unterschied zur Führposition 1: Die Gerte ist nun in Richtung Hinterhand ausgerichtet, während die führende Hand ruhig neben dem Kopf des Pferdes bleibt. Dies ist ein deutlicher Unterschied zur ersten Variante der Führpositionen, da der Mensch nun eine stärkere treibende Haltung einnimmt als zuvor. Es wird mehr Grundenergie auf das Pferd übertragen und es entsteht eine Einwirkung, die das Vorwärts verstärken möchte.

Führposition 3 hat Ähnlichkeiten mit Führposition 1 und wirkt doch anders auf Ihr Pferd.

In manchen Fällen kann es daraus resultierend zu einem seitlichen Weichen des Pferdes kommen. Driftet das Pferd zu stark zur Seite, kann leicht ein fehlerhaftes Seitwärts entstehen: Das Pferd fußt weit neben dem Rumpf ab, die Ausrichtung der Hinterbeine erfolgt nicht mehr in Richtung Schwerpunkt des Pferdes. Unabhängig davon kommt es zu einer gewissen Instabilität, so dass es dem Pferd schwerfällt, seinen langen Körper spurgetreu auf der Linie zu halten. Die Korrekturmaßnahme bei solch einer Problematik wird häufig mit dem schönen Wort „Vorwärts" betitelt. Das klingt einfach und doch bereitet es Schwierigkeiten: Das Vorwärts entsteht durch die treibenden Hilfen, jedoch nur in Bezug auf ein vorwärts fußendes Hinterbein, welches störungsfrei den Weg in Richtung Körperzentrum findet.

TREIBEN UND VERHALTEN

Wenn die treibenden Hilfen vorherrschen, müssen die verhaltenden Einwirkungen besonders fein geschult werden. Nur zu schnell passiert es sonst, dass in der späteren Handarbeit durch das falsch verstandene Vorwärts ein negativer Schub gegen die Hand entwickelt wird.
Wie auch bei allen anderen Führpositionen möchten wir das Angehen, Anhalten, Wenden und Rückwärtsrichten bei unserem Pferd abrufen. Durch die veränderte Körpersprache besteht nun aber die Gefahr, dass besonders beim Anhalten Schwierigkeiten entstehen. Die Nähe zum Pferd ermöglicht hier ein besseres Einwirken, wir können das Pferd beim Stopp jederzeit unterstützen.

IM TRAB

Danach empfiehlt es sich, die Grundübungen auch im Trab abzufragen (sofern die Gangart Trab vorbereitet wurde oder unproblematisch erscheint). Wie zuvor in Führposition 1 geht es nicht um lange Strecken, sondern um die Kontrolle, ob die bereits gelernten Kommunikationssignale schon im Trab abrufbar sind.

In dieser Führposition bereiten Sie das Longieren vor.

VORBEREITUNG

Führposition 3 bereitet das Team bestens auf die Arbeit an der Longe vor. Damit sind alle Grundübungen auch mit Longenabstand abrufbar. Zeitgleich ist der Einstieg in die Handarbeit gelegt, da die Grundposition der Handarbeit dieser Position ähnlich ist (auch wenn man zum jetzigen Zeitpunkt noch nicht mit der Handarbeit beginnen sollte). Das ist der Sinn der Führarbeit: Sie soll den Weg ebnen für alles, was kommt!

MERKE

Führposition 1 hat eine neutrale Wirkung. Sie dient ebenfalls dazu, nach getaner Arbeitsphase eine Pause zu ermöglichen. Auch bei der Bodenarbeit sind Pausen in regelmäßigen Abständen wichtig. Dabei ist zu beachten, dass das Pferd diese Phase als Pause erkennen kann! Die Körpersprache des Menschen muss sich also entsprechend verändern. Der Mensch wählt hierzu eine neutrale Haltung, in der weder treibende noch verhaltende Hinweise vorherrschen. Ein gelassenes Laufen neben dem Pferd, ohne die Vermittlung einer direkten Botschaft, ist entscheidend zum Erholen.

GYMNASTIZIERENDE ARBEIT

— Fit bis ins hohe Alter

ANLEHNUNG, STELLUNG, BIEGUNG

Feststehende Definitionen von Begriffen sollen uns helfen, Dinge einzuordnen und die Welt zu verstehen. Doch oft führen genau diese Definitionen zu Missverständnissen.
So kann es auch bei der Anlehnung geschehen. Anlehnung wird unter anderem beschrieben als „stete, weich federnde Verbindung zwischen Reiterhand und Pferdemaul". Wir müssen aber bedenken: Dazwischen kann viel passieren! Anlehnung ist nicht gleichzusetzen mit einem dauerhaft anstehenden Zügel oder gar einem Zug durch die Reiterhand. Ebenso wenig darf der Reiter die Anlehnung durch mechanische Handeinwirkungen oder Hilfsmittel herstellen. Anlehnung resultiert vielmehr aus der Gymnastizierung und systematischen Ausbildung und ist ein Spiegel der Einwirkungen sowie der Balance des Pferdes.

FORMGEBUNG

Damit wird verständlich: Anlehnung ist kein Begriff, der nur für das Reiten gilt, sondern genauso – wenn auch in veränderter Form – für die Arbeit am Boden. Dabei sprechen wir in diesem Buch bei den aufgezeigten Bodenarbeitsmethoden von einer Art der Anlehnung, die besser als „Formgebung" verstanden werden sollte. Das Ziel ist, eine Form zu entwickeln, die sich auf die gesamte Wirbelsäule des Pferdes positiv auswirkt. Das geschieht über die Stellung und Biegung sowie über lösende und versammelnde Übungen. Bei der gebisslosen Basis-Bodenarbeit am Kappzaum befindet sich die formgebende Hand vor dem Pferdekopf. Das ist ein großer Unterschied zum Reiten, denn dort wirkt die Hand auf

Gehen Sie flexibel und individuell auf die Haltung des Pferdes ein.

Widerristhöhe und damit weit hinter dem Kopf des Pferdes ein. Eine Form kann tatsächlich völlig unabhängig von der Position der Hand entwickelt werden. Die Form ist Resultat einer guten Ausbildungsarbeit und darf nicht nur Folge einer reinen Handeinwirkung sein.
Dennoch sollte auch bei der Bodenarbeit das Pferd die Bereitschaft zeigen, der Hand zu folgen und geschmeidig nachzugeben. Das soll in dem Augenblick erfolgen, in dem der Ausbilder das Führseil sanft aufnimmt. Verbunden ist das Seil dabei mit dem mittleren Ring des Kappzaumes.

VORWÄRTS-ABWÄRTS

Zuerst wird das Pferd aufgefordert, sich in eine Vorwärts-abwärts-Haltung zu dehnen. Das Ergebnis ist eine Streckung, und Sie müssen lernen, in der Hand zu fühlen, ob das Pferd komplett nachgibt. Nachgeben in der Bewegung resultiert aus der Losgelassenheit, die es zu entwickeln gilt. Sobald das Pferd in dieser Aufgabe sein natürliches Gleichgewicht wiederfindet, ist die Entspannungsbereitschaft in allen drei Grundgangarten gegeben. Das Gleiche gilt beim Longieren, dem

Die Form ist das Resultat einer guten Ausbildungsarbeit.

Crossover oder auch bei der Langzügelarbeit. Immer wieder befindet sich die Hand des Ausbilders in einer anderen Position zum Pferd, dennoch kann eine Bereitschaft der Nachgiebigkeit entwickelt und erfühlt werden. Später wird in der Handarbeit ein Zügel innerhalb der Bodenarbeit verwendet. Wenn dann das sogenannte „Suchen“ oder auch „Dehnen“ an die Hand des Ausbilders abgerufen wird, kommt es zu einer korrekten Anlehnung. Durch die beiden Zügel kann bei der Handarbeit eine gleichmäßige Verbindung zum Pferdemaul/Kopf geschaffen werden, entweder durch eine zweihändige oder durch eine einhändige Zügelhaltung. Es gilt zu beachten, dass das Pferd die Anlehnung sucht und nicht die Hand des Menschen diese erzwingt.

Die Dehnungsbereitschaft gilt es am Anfang der Ausbildung zu entwickeln, für ein vertrauensvolles und entspanntes Training.

Der obere Bereich der Halswirbelsäule, bestehend aus dem Hinterhauptsbein des Schädels und dem ersten Halswirbel (Atlas) mit den typischen beiden Atlasflügeln, die gut zu fühlen sind. Außerdem der Bereich zwischen Atlas und dem zweiten Halswirbel (Axis). Der Bereich der Ohrspeicheldrüse (siehe Finger) darf bei der Entwicklung einer Anlehnung niemals gequetscht werden.

AUSFLUG IN DIE ANATOMIE

Wir haben viel Spaß dabei, verschiedene Dinge mit unserem Pferd zu unternehmen. Mit unserem Tun setzen wir aber gleichzeitig auch Trainingsreize, die immer eine Wirkung zeigen – mal mit positivem, mal mit negativem Ausgang. Das ist der Grund, warum wir über ein anatomisches Grundwissen verfügen sollten. Es ist wichtig zu wissen, wo das Pferd sich stellt und biegt und zu erkennen, was dabei im Pferdekörper passiert. Dazu brauchen Sie kein Studium abzuschließen und auch keine Vokabelliste mit lateinischen Begriffen auswendig zu lernen. Es reicht aus, sich ein wenig fortzubilden, um Zusammenhänge zu verstehen.

Die Gesunderhaltung des Pferdes ist unser oberstes Ziel, jedoch manipulieren wir zwangsläufig Gelenke und sprechen Muskulatur, Sehnen sowie Bänder an. Ohne die richtige Grundvorstellung der einzelnen Zusammenhänge kann es allzu schnell zu einem körperlichen Unwohlsein, Blockaden oder gar Schäden beim Pferd kommen. Dann wird die gut gemeinte Gymnastik mehr Probleme hervorrufen, als dass sie unserem Partner Pferd hilft.

DIE ROLLE DER KOPFGELENKE

Das Pferd soll der Hand ohne Gegendruck folgen und wird nicht durch diese aktiv in eine Position gebracht! Vielmehr hat das Pferd zuvor gelernt, nachgiebig auf leichte Impulse am Zügel zu reagieren. Es wird dann vertrauensvoll, mittels treibender Impulse, den Weg zur Hand des Menschen suchen.

Eine entscheidende Rolle spielen bei diesem Vorgang die sogenannten Kopfgelenke, also der obere Bereich der Halswirbelsäule. Ebenso wie beim Menschen ist dieser Bereich eine zentrale Stelle im Körper, die höchst sensibel ist. Als Tragpfeiler des Kopfes stellt sie den beweglichsten, aber auch den empfindlichsten Teil der Wirbelsäule dar. Sowohl Gleichgewicht als auch Haltung, koordiniertes Gehen und Augenkontrolle werden hier gesteuert. Hier haben wir also eine Art „Nadelöhr" der Nervenverbindungen zwischen Kopf und Körper.

DER OBERE HALSBEREICH

Der Begriff „Genick" ist jedem Reiter bekannt und vertraut. Aber wie wichtig ist es für einen Ausbilder, die Biomechanik hinter der Stellung des Genicks und Biegung des Rumpfes zu kennen? Diese Frage kann man nur mit „sehr wichtig" beantworten. Gönnen Sie mir daher einen kurzen Ausflug in die Biomechanik, um Ihr individuelles Röntgenauge zu schulen! Der Schädel ist mit dem ersten Halswirbel, dem Atlas, verbunden und bildet das Atlanto-Occipital-Gelenk.

Es macht das Ausbilden einfacher und erleichtert dem Pferd vieles, wenn wir biomechanische Zusammenhänge verstehen.

Atlanto-Occipital-Gelenk: Dieses Gelenk ist ein Ellipsoid-Gelenk und wird aufgrund seiner Beweglichkeit als „Ja-Gelenk" bezeichnet. Es ermöglicht eine Bewegung in der vertikalen Ebene, also von oben nach unten. Aber es kann sich auch in einem individuellen Winkel in der horizontalen Ebene bewegen. Es kann eine seitliche Stellung ermöglichen, eine Streckung, eine vertikale Beugung und im geringen Maß rotieren. Und da es für die Auf- und Ab-Bewegung des Kopfes verantwortlich zeichnet, spreche ich gerne vom „Wackel-Dackel-Effekt". Ernsthaft übersetzt ist es die Fähigkeit, sich in viele Richtungen zu bewegen.

Atlanto-Axial-Gelenk: Erster Halswirbel (Atlas) und zweiter Halswirbel (Axis) sind miteinander verbunden und bilden das Atlanto-Axial-Gelenk. Dies ist ein Zapfengelenk und wird auch als „Neinsager-Gelenk" bezeichnet. Hier ist eine Rotationsbewegung möglich.
Es ist genau dieser obere Bereich des Halses, den wir in unserer Hand spüren können, wenn wir lösend einwirken. Nachgiebigkeit und Leichtheit im gesamten Pferdekörper resultieren daraus, dass keine negativen Widerstände vorhanden sind.

SPÜREN UND VERTRAUEN LERNEN

Das hört sich einfach an, ist es aber nicht. Das Pferd soll sich stellen, biegen, loslassen. Letzteres kann es aber nur, wenn es dem Menschen, mit dem es zusammenarbeitet, vertraut. Also hat die Psyche des Pferdes hier auch noch ein Wort mitzureden. Wir möchten eine Beweglichkeit in allen Gelenken abrufen und die Muskulatur überzeugen, dass ein lockeres An- und Abspannen ohne Gegenwehr möglich ist. Bei einem großen Lebewesen wie dem Pferd ist es eine Herausforderung, so viele Gelenke und Muskeln zu coachen. Selbst der Mensch hat Schwierigkeiten, seinen eigenen Körper zu spüren, funktionell zu bewegen oder ihn bewegen zu lassen. Diese Erfahrung macht jeder, wenn er sich näher mit Körperarbeit beschäftigt, um einzelne Bewegungsabläufe zu optimieren und ungenutztes Potenzial zu entwickeln. Um Beweglichkeit zu fördern, muss zunächst ein Bewusstsein für das anzusprechende Gelenk und den zu trainierenden Muskel geschaffen werden.

Lernen Sie den Körper Ihres Pferdes kennen – für einen fairen Umgang.

WENN SICH IHR PFERD NICHT STELLEN LÄSST …

… ist die Antwort oftmals, dass es nicht weiß, in welchen Gelenken es sich dafür bewegen muss, wenn es die Aufforderung von Ihnen erhält!
Ein gern verwendeter Satz lautet: „Der weiß genau, was er machen soll, der will nur nicht". Nach all meinen Ausbilderjahren bin ich der Überzeugung, dem Partner Pferd fehlt oft einfach die Idee der richtigen Antwort. Fehlende Losgelassenheit und Gegenwehr ist dann häufig das Resultat.
Es geht also darum, die richtige Lösung zu vermitteln, die zur Ausführung befähigt. Dazu müssen wir überlegen, wo wir mit der Schulung anfangen. Natürlich steht über jeder guten Ausbildungsarbeit die Vorstellung, dass ausgehend

vom Motor, also der Hinterhand des Pferdes, eine Form entsteht. Dazu müssen wir aber die Hinterhand erst einmal erreichen. Der Weg in Richtung Hinterhand geht über einen gelösten Kopf-Hals-Bereich. Damit erklärt sich, dass wir in diesem Bereich lösend beginnen müssen. Wenn wir es geschafft haben, dass die ersten Kopfgelenke uneingeschränkt arbeiten, sind auch die weiteren Gelenke beweglich.

VERWERFEN

Da die Wirbelsäule ein zusammenhängendes System ist, wird sich jede Bewegung wie eine Kettenreaktion auf den gesamten Körper auswirken. So haben die ersten beiden Kopfgelenke eine entscheidende Rolle bei der Stellung und Biegung und müssen deshalb auch frei beweglich bleiben. Zwischen Atlas und Axis findet auch das sogenannte Verwerfen statt, welches nicht mit korrekter Stellung verwechselt werden sollte. Dabei macht der Kopf eine starke Kippbewegung, sodass die Ohren nicht mehr auf gleicher Höhe erscheinen. Korrigiert werden kann eine solche Fehlstellung nur, wenn der Mensch den Auslöser und damit die Ursache für das Verwerfen behebt und wieder den richtigen Bereich anspricht. Dazu kann eine Streckung Richtung vorwärts-abwärts

Ganaschenfreiheit ist von Pferd zu Pferd unterschiedlich!

Zur richtigen Stellung zählt auch das Platzieren des Unterkiefers.

01 Sie können mit Ihren Fingern die Querfortsätze (Atlasflügel) des ersten Halswirbels ertasten.

02 Bei natürlicher Kopfposition passen bei Aramis zwei Finger zwischen Querfortsatz und Kiefer.

03 Bei einer Dehnungshaltung wird der Bereich der Ganasche geweitert und es entsteht Platz für meine gesamte Hand.

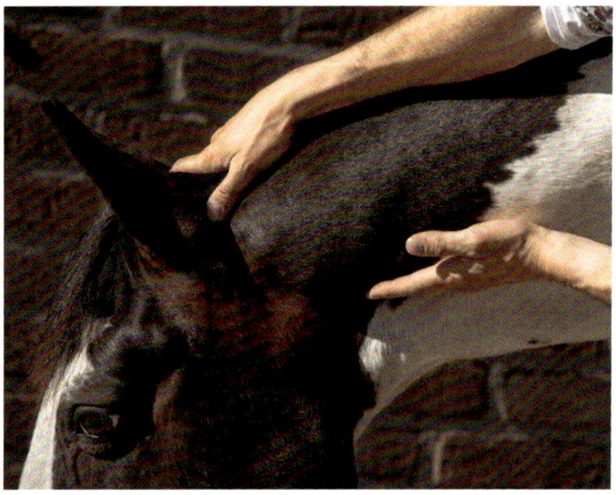

01

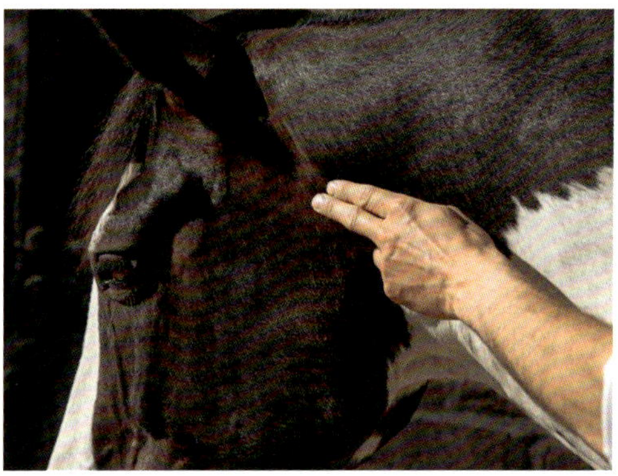

02

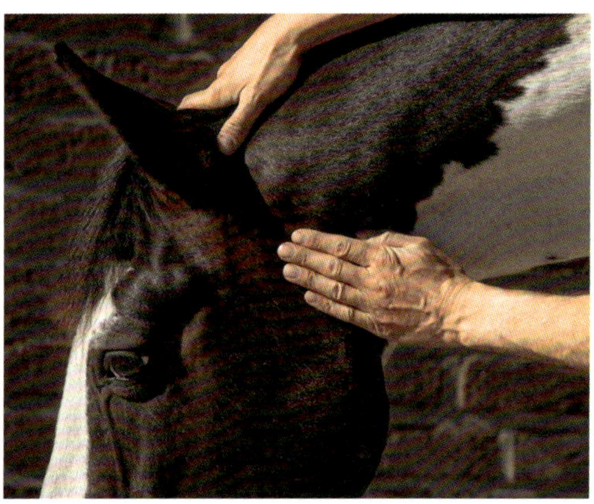

03

helfen, wobei darauf hinzuweisen ist, dass es Pferde gibt, die im Hals verlängern, sich aber nicht korrekt an die Hand dehnen. Bei diesen Pferden darf man nicht nur den Hals verlängern, sondern muss darauf achten, immer wieder in der Hand zu spüren, inwieweit man noch Kontakt zu seinem Pferd hat. Dies gilt in jeglicher Situation, sowohl bei der Boden- und Handarbeit, beim Longieren als auch beim Reiten. Kontakt schafft eine Verbindung, egal ob meine Hand vor, hinter oder neben der Nase des Pferdes positioniert ist.

KORREKTE HANDEINWIRKUNG

Die Hand des Reiters kann Informationen senden oder empfangen. Regt sich das Pferd zum Beispiel auf und verspannt sich aufgrund dessen kurzfristig im Kiefer, bekommt der Ausbilder in diesem Moment über seine Hand Informationen, die er natürlich nicht haben möchte. Aber durch eine feine Verbindung wird er in die Lage versetzt, sofort zu reagieren. Er kann Ruhe in die Situation bringen und Signale senden, die die Verspannung wieder lösen können. Zu diesen Signalen gehört zum Beispiel ein leichtes, nahezu unsichtbares Spielen mit den unteren Fingern.

Die Hand als Informationszentrale dient also auch dem Qualitätsmanagement. „Anlehnung“ ist sehr diffizil, und es ist ein großer Unterschied, ob ein Pferd den Kopf nur nach unten nimmt oder wirklich loslässt. Als Reiter oder Bodenarbeiter muss ich über die Hand überprüfen können, ob ein Pferd jederzeit entspannt loslässt.

HAT DAS PFERD GENUG PLATZ?

Das Genick ist, wie oben erklärt, für eine seitliche Stellung zuständig. Allerdings ist Stellung nur mit einem offenen Genickwinkel möglich, also mit Ganaschenfreiheit.

Wir brauchen Platz in der Ganasche, einer Art Zwischenraum, was nur über ein geöffnetes Genick möglich ist. Die Bereitschaft, sich zur Hand zu öffnen, wird auch als „Hergabe“ des Genicks bezeichnet und bildet eine unabdingbare Voraussetzung für Bewegungsfreiheit. Sonst wird in Stellung die Ohrspeicheldrüse durch Kiefer und Atlas wie in einem Nussknacker gequetscht und Speise- sowie Luftröhre haben nicht genügend Freiraum.

Für eine Biegsamkeit durch den gesamten Körper wird Durchlässigkeit benötigt.

Es gilt zu beachten, dass bei der Stellung der innere Unterkiefer des Pferdes sich dem inneren Querfortsatz des Atlas annähert. Es findet eine Drehbewegung des Schädels statt, bei der sich zwangsläufig der Unterkiefer mitbewegen wird. Daraus erklärt sich, warum in der Reitlehre vom richtigen Positionieren des Schädels und Unterkiefers gesprochen wird. Pferde haben in diesem Bereich anatomisch gesehen unterschiedlich viel Platz. Für solche, die dort sehr eingeschränkt sind, ist eine Kopfhaltung, bei der sich die Stirn-Nasenlinie nahe an der Senkrechten befindet, nur schwer möglich. Dies ist zum Beispiel bei vielen Fjordpferden der Fall, die so gut wie gar keine Ganaschenfreiheit haben können und oft auch noch stark ausgeprägte Ohrspeicheldrüsen aufweisen.

Ich kann aber die Fjordpferdebesitzer beruhigen, denn erstens ist es nicht bei jedem Fjordpferd der Fall und zweitens kann diese körperliche Gegebenheit bei jeder Pferderasse vorkommen! Einen entscheidenden Einfluss auf die Anlehnung, egal ob bei der Arbeit am Boden oder im Sattel, hat zusätzlich die „Nickbewegung". Wer versucht, im Schritt den Kopf des Pferdes durch Handeinwirkung still zu halten, der zerstört nicht nur den Gang und das Schreiten, sondern auch die Anlehnung, weil er das Bewegungsgesamtgefüge stört. Wobei beachtet werden muss, dass es im versammelten Schritt keine Nickbewegung gibt. Das Pferd muss allerdings erst lernen, dass es auch ohne Nickbewegung schreiten kann.

BEWEGLICHKEIT DES BODENARBEITERS

Damit all das möglich ist, müssen wir Reiter oder Bodenarbeiter in unseren Gelenken beweglich bleiben. Dabei darf man aber nicht nur an die großen Handgelenke denken, sondern auch an die Beweglichkeit der kleinen Fingergelenke. Die Anlehnung lebt von einer lebenden Hand. Zwar wissen wir, dass wir die Hand ruhig halten sollen. Für den Betrachter ist eine augenscheinlich ruhige Hand das Idealbild. Aber: Eine Hand kann still aussehen und doch leben. Erst dann bin ich in der Lage, jederzeit in den feinsten Nuancen mit den Fingern zu spielen und dabei die Signale zu senden, die das Genick und Maul meines Pferdes lockern können.

TRAININGSTIPP

Denken Sie immer an das „Ja-Gelenk" und das „Nein-Gelenk" und beobachten Sie die Bewegungen Ihres Pferdes im Training. Denn ein Pferd sagt zu natürlichen Bewegungen wie beispielsweise der Nickbewegung immer „Ja". Die Kopfbewegung ähnelt dem Nicken einer Befürwortung. Unnatürliche Bewegungen hingegen werden gerne „verneint" und machen sich durch seitliches Bewegen oder Kopfschütteln bemerkbar. So gehört beispielsweise das Verwerfen dazu oder ein Rechts-Links-Nicken im Schritt, was immer auf eine fehlerhafte Bewegung hindeutet.

DIE HILFENGEBUNG DES BODENARBEITERS

Haben Sie schon mal ein Pferd auf sich zu traversieren lassen? Das und vieles mehr ist bei sicherer Hilfengebung möglich! Vorausgesetzt, das Pferd hat gelernt, ähnlich wie beim Reiten unterschiedliche Hilfen zu verstehen.
Die Führarbeit hat alle Voraussetzungen für eine gymnastizierende Arbeit am Kappzaum geschaffen. Daher steht einer harmonischen Ausbildungsarbeit nichts mehr im Wege.

01

DAS ABC VERMITTELN

Wer Lerninhalte nachhaltig an sein Pferd vermitteln möchte, der benötigt ein Konzept für die Hilfengebung. Jeder Reiter sendet durch sein Gewicht, Schenkel und Zügel gewisse Signale an sein Pferd. Er benutzt also ein Hilfen-System, welches man als Bodenarbeiter ebenfalls nutzen sollte. Übereinstimmende Hilfen machen es dem Pferd verständlicher, wenn es darum geht, erreichte Ziele aus der Bodenarbeit in den Sattel zu übertragen. Dem Bodenarbeiter stehen jedoch keine direkten Schenkel- und Gewichtshilfen zur Verfügung (und teilweise auch keine Zügelhilfen). Um diese fehlenden Einwirkungsmöglichkeiten zu ersetzen, benötigt man Hilfsmittel wie beispielsweise eine Gerte oder eine Longe.

01 Die Gertenspitze zeigt in die Gurtlage, sie ersetzt den fehlenden Reiterschenkel.

02 Die Gertenspitze zeigt in Richtung Widerrist, der Gertenschaft zum Hals. Damit ersetzt die Gerte den fehlenden inneren anliegenden Zügel.

03 Die Gertenspitze zeigt über den Hals in Richtung äußere Schulter/Halsseite des Pferdes. Damit ersetzt sie den fehlenden äußeren anliegenden Zügel.

04 Die Gertenspitze zeigt über den Rücken in Richtung äußeres Hinterbein des Pferdes. Damit ersetzt sie den fehlenden äußeren Reiterschenkel.

Das Ersetzen der gewohnten Hilfsmittel führt nicht dazu, dass diese nun einen anderen Namen tragen müssen.

Welches Hilfsmittel ersetzt was?

Reiterhilfe	Hilfe bei der Bodenarbeit
Schenkel	Gerte
Zügel	Führseil, Longe, Zügel oder Gerte
Gewicht	Gerte

Um dieses „neue" Hilfensystem erfolgreich einsetzen zu können, sollten Sie die Handhabung sicher beherrschen. Erst dann werden Sie positiv Einfluss nehmen können auf die gewünschte Gangart, die Form des Pferdes, das Tempo oder die Richtung.

Mit der Arbeit am Kappzaum erreichen Sie, dass das System der Hilfengebung dem Pferd immer verständlicher und vertrauter wird. Das Ergebnis wird sein: Die Signale können mit der Zeit feiner und dezenter erfolgen und werden damit für einen außenstehenden Betrachter immer unsichtbarer.

02

03

04

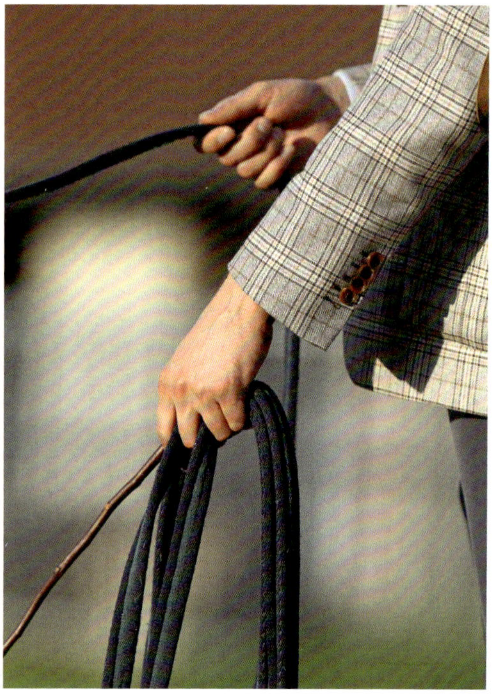

Für eine verständliche und sichere Hilfengebung ist das Handling von Longe und Gerte entscheidend.

Schenkelhilfen

Schenkelhilfen, die mittels der Gerte bei der Bodenarbeit zum Einsatz kommen:
— Vorwärtstreibender Schenkel
— Um sich herumbiegender Schenkel
— Vorwärts-seitwärtstreibender Schenkel
— Von sich wegbiegender Schenkel
Die Gerte kann sowohl den inneren als auch den äußeren Schenkel anzeigen, unabhängig von der Position des Bodenarbeiters.

Zügelhilfen

Zügelhilfen, die mittels Longe/Zügel oder auch durch die Gerte bei der Bodenarbeit zum Einsatz kommen:
— Nachgeben
— Annehmen
— Anlegen
— Verwahren
— Seitwärtsweisen
Auch bei den Zügelhilfen sind innere und äußere Einwirkungen möglich!
Sämtliche Einwirkungen eines Zügels werden durch den Begriff „Zügelhilfen" zusammengefasst. Zum besseren Verständnis der eingesetzten Zügelhilfen bei der Bodenarbeit ist eine Differenzierung zwischen Handeinwirkung und Zügeleinwirkung von Vorteil.
Die Handeinwirkung bezieht sich auf die Art der Zügelhilfe, die durch die Einwirkung der Hand des Menschen auf das Maul oder den Kopf des Pferdes ausgeführt wird.
Bei der Zügelwirkung handelt es sich um eine Einwirkung des reinen Zügels am Hals des Pferdes (wie beim Halsring-Reiten oder dem Neck-Reining), ohne dabei aktiv das Maul oder bei gebissloser Zäumung den Kopf des Pferdes zu beeinflussen.

Gewichtshilfen

Gewichtshilfen, die mittels Gertenhilfen bei der Bodenarbeit zum Einsatz kommen:
— Einseitige Gewichtshilfe
Das Ersetzen von Gewichtshilfen findet anfänglich nur wenig Gebrauch. So kann die Gerte beispielsweise durch das Positionieren oder Berühren rechts/links der Brustwirbelsäule eine einseitige Gewichtshilfe ersetzen und eine Reaktion erzeugen. Schenkel-, und Zügelhilfen finden während der Basis-Bodenarbeit am meisten Verwendung.
Bei der fortgeschrittenen Bodenarbeit wird die Gerte noch einige weitere Touchépunkte oder optische Signalpunkte ausführen können. Vor allem, wenn es darum geht, Ihr Pferd vermehrt auf die Hanken zu setzen und die großen Gelenke der Hinterhand zu einer Beugung zu animieren. Bei geschickter Gertenpositionierung kann dem Pferd in einem spielerischen Sinne dieses anzustrebende Ziel vermittelt werden. Es lohnt sich also, die sogenannten Touchépunkte (hat nichts mit Strafe zu tun) zu kennen und sich anzueignen.

TRAININGSTIPP

Üben Sie die verschiedenen Gertenpositionen und Einwirkungsmöglichkeiten mit dem Seil nicht direkt an und mit Ihrem Pferd! Zur Verbesserung der eigenen Koordination ist ein Holzpferd wesentlich geeigneter. Besonders gut sind Übungen von Mensch zu Mensch. Das bewahrt Ihr Pferd vor anfänglichen Missverständnissen.

Hier erkennen Sie die wichtigsten Hilfen. Die roten Punkte markieren die Basis-Gertenposition.

Basis-Gertenpositionen außen

1. Innerer Zügel
2. Um sich herumbiegender Schenkel
3. Vorwärts-seitwärtstreibender Schenkel
4. Vorwärtstreibender Schenkel

1. Von sich wegbiegender Schenkel
2. Äußerer Zügel

Es kommt auf viele kleine Details an, …

BASIS-BODENARBEIT AM KAPPZAUM

Nun haben wir die Vorarbeit fast geschafft und Sie als Personal-Trainer Ihres Pferdes können mit der Gymnastikstunde beginnen. Doch ein wichtiges Detail ist noch zu beachten: die Kunst der Aussage! Sie müssen Ihrem Zuhörer Pferd, welcher durch die bereits ausgeführten Übungen aufmerksam und achtsam auf weitere spannende Anweisungen wartet, das ABC und das daraus resultierende Gymnastikprogramm erklären. Es handelt sich dabei um die Kunst, Pferde davon zu überzeugen, auf ein bestimmtes einheitliches Signal zu reagieren und eine gewisse Handlung auszuführen.
Wie immer müssen wir uns in Position bringen, bevor es mit den Erklärungen losgeht.

An dieser Stelle möchte ich gern erwähnen, dass Reitkunst und alles, was dazugehört, niemals schematisch ausführbar ist. Dennoch bedarf es einer Struktur, weil der Mensch sich dann besser orientieren kann. Auch wenn ich in den folgenden Erklärungen eine bestimmte Reihenfolge der auszuführenden Abläufe vorgebe, kann eine Abweichung von dieser in bestimmten Fällen sinnvoll sein. Ich möchte Ihnen den „Normalfall" an die Hand geben, und wenn es Ihnen oder Ihrem Pferd nicht möglich ist, in dieser ersten Bodenarbeitsmethode zu beginnen, kann auch mit einer der anderen beschriebenen Methoden direkt gearbeitet werden. Dennoch sollten zunächst die grundlegenden Inhalte vermittelt werden.

… welche beim Rückwärtslaufen vor dem Pferd gut zu erkennen sind!

DIE FOLGENDE POSITIONIERUNG

Bei der Vermittlung von neuen Lerninhalten sollten wir unseren Pferdeschüler immer gut im Blick haben. Pferde können sehr schnell auf unsere primären und sekundären Hilfen reagieren. Es wäre zu schade, wenn wir einen richtigen Ansatz des Pferdes zu spät oder gar nicht erkennen, weil wir uns nicht günstig genug platziert haben.
Deshalb empfiehlt es sich bei der Ausbildung der Bodenarbeits-Hilfen und den Grundformen der Gymnastik, sich rückwärts vor dem Pferd zu positionieren. Von dieser Stelle aus können Sie die gesamte Längsachse überblicken und problemlos alle grundlegenden Übungen erarbeiten. Dabei müssen Sie rückwärts vor dem Pferd herlaufen, um Ihr Blickfeld auf den gesamten Körper auszurichten. Das hört sich leichter an, als es ist, denn so ziemlich alles im Leben verläuft im stetigen

»Um klar zu sehen, genügt oft ein Wechsel der Blickrichtung.«

Antoine de Saint-Exupéry

Die bisherige Führarbeit bildet den Grundstein für eine harmonische Basis-Bodenarbeit am Kappzaum.

Vorwärtsablauf! Auch die Bewegungsrichtung im Alltagsgeschehen ist fast immer eine vorwärts ausgerichtete Bewegung.

Daraus folgt, dass der ein oder andere Mensch erst einmal gestresst sein könnte. Er atmet flacher und schneller, ein gewichtiger Umstand bezogen auf die Arbeit mit Pferden. Darum reflektieren wir kurz, warum es wichtig sein kann, über die Zusammenhänge informiert zu sein.

Wir wissen, dass neue Situationen neue Wege bedingen, neue Lebensmuster schaffen und neue Bewegungsformen erfordern. Alles Tun macht allein aber viel weniger Spaß und Freude. Wir Reiter haben den Schlüssel in der Hand: unseren stets verfügbaren Partner Pferd, der im Allgemeinen allem aufgeschlossen und erst mal ohne Vorbehalte gegenübersteht. Wir müssen nicht erst stundenlang diskutieren, warum wir plötzlich „Rückwärtslaufen" wollen. Beginnen wir spontan und trainieren unsere Pferde mit viel Freude am Boden. Als Bonus trainieren wir auch noch uns. Die neue Körpererfahrung bringt eine Abwechslung und einen Ausgleich, der nebenbei unsere rechte Gehirnhälfte anregt und unsere Konzentration fördert. Die Arbeit richtet unseren Körper, also die Wirbelsäule, auf, wirkt somit auf den Schwerpunkt, trainiert unseren Oberkörper und neue Muskeln. Ganz nebenbei verbessert sie auch noch unser Körpergefühl.

Gehen wir rückwärts, handelt es sich um eine „folgende Positionierung", da der Bodenarbeiter vorausgeht und somit die Richtung vorgibt. Voraussetzung für diese Aufgabe ist, dass alle „Basics" der Führarbeit korrekt vermittelt und erlernt wurden. Die Kommunikation zwischen den Partnern Mensch und Pferd muss einwandfrei funktionieren.

Rückwärtslaufen vor dem Pferd ermöglicht uns einen besseren Überblick. Die Augen sind auf das Pferd gerichtet und wir bekommen eine neue Sichtweise auf die Bewegungsabläufe des Pferdes. Außerdem können wir sofort erkennen, ob die gesendeten Signale vom Pferd verstanden wurden. Des Weiteren können wir unseren Blick auf die Form des Pferdes richten und diese besser überprüfen. Auch den Gemütszustand des Tieres behalten wir dadurch besser im Blick: Das Ohrenspiel, die Augen, die Nüstern, all das kann Aufschluss darüber geben, wie die verlangte Übung mental vom Pferd angenommen wird. Das anatomisch korrekte Stellen und Biegen betrachte ich nur als eine von vielen großen Herausforderungen, denen sich jeder Ausbilder eines Pferdes stellen sollte.

Aus dieser Führposition und mit dem optischen Blickwinkel auf die gesamte Längsachse kann mit dem Ausbilden der ersten Grundhilfen gestartet werden. Doch welche Hilfen können eigentlich vor dem Pferd ausgebildet werden? Im Grunde genommen bilde ich alle Hilfen aus, die ich auch beim Reiten verwende. Angefangen von den bereits erklärten Gertensignalen, die beispielsweise einen Schenkel des Reiters ersetzen, bis hin zu den Zügeleinwirkungen sind alle anfänglichen Hilfen der Bodenarbeit möglich.

Somit sehe ich die Arbeit am Kappzaum in der Frontposition als absolute Basisarbeit an. Es wird ein Fundament für alle weiteren Arbeiten am Boden gebildet. Im Rückwärts des Laufens erziele ich ein Vorwärts in der Ausbildung meiner Pferde!

MERKE

Bisher haben wir in den genannten Führpositionen von der formlosen Grundlagenarbeit gesprochen. Ab sofort reden wir von der formgebenden Basisarbeit.

Vor dem Pferd kann man die Dinge einmal anders betrachten.

FORMGEBENDE ARBEIT

Das Ziel einer formgebenden Arbeit am Kappzaum ist, unter Berücksichtigung biomechanischer Zusammenhänge eine physiologisch sinnvolle Form zu entwickeln. Nur so können weitere Elemente der Ausbildung wie beispielsweise Balance, Losgelassenheit, Form, Tempo, Takt und Schwung zur vollen Entwicklung kommen. Bei der formlosen Grundlagenarbeit, dem „Horsemanship", geht es vor allem um die Beziehung und das Erlernen einer gemeinsamen Sprache. Ein Verständnis wird aufgebaut, damit alltägliche Dinge ohne Missverständnisse ausgeführt werden

Stück für Stück werden die Elemente der Ausbildung entwickelt.

MERKE
Neben der Jungpferdeausbildung sollten auch ältere Pferde ohne Bodenarbeitserfahrung die Chance erhalten, eine gefestigte Basis-Bodenarbeit zu erlernen. Ausbildung und Fortbildung kennen keine Altersbegrenzung!

können. Nicht zuletzt wird damit auch eine Bereitschaft zur Mitarbeit geschaffen. Ein Grund, warum ich mich in diesem Buch zuerst mit der Kommunikationsarbeit in Form einer strukturierten Führarbeit beschäftigt habe, damit die Gymnastik den Pferden und den Menschen auch Spaß machen kann.
Wir sind die Fitness-Trainer unserer Pferde! Somit ist es unsere Aufgabe, das Fitnessprogramm so verständlich und korrekt wie möglich zu vermitteln und gleichzeitig voller Lebensfreude den Spaß an der Bewegung vorzugeben. Vergleichen Sie die auszuführende Tätigkeit Ihres Pferdes immer mit Ihrem eigenen Fitnesstraining. Zunächst benötigen Sie eine genaue Anleitung Ihres Trainers, welche Übung Sie machen sollen und wie sie funktioniert. Dann müssen Sie üben, bis die Ausführung stimmt. Dabei werden Sie noch lange nicht „Herr" Ihrer Bewegungsabläufe sein. Erst mit der Zeit kommt die Leichtigkeit und Eleganz in Ihr Tun. Erst dann wird die Bewegung eines Pferdes die gleiche Eleganz und Schönheit zurückgewinnen, mit denen uns frei laufende Pferde begeistern. Voraussetzung wird immer sein, dass die Bewegungen keine Beschwerden verursachen und sie aus freiem Willen ausgeführt werden. Natürlichkeit und Leichtigkeit in der Bewegung sind unsere Ziele. Somit muss eine Übung immer im Einklang mit den körperlichen Voraussetzungen stehen, sonst wird die Harmonie zukünftig fehlen. Von Anfang an muss gewährleistet sein, dass unsere Wünsche vom Pferd verstanden werden (psychische Voraussetzung) und es körperlich diesen Wünschen nachkommen kann (physische Voraussetzung). Dies alles ist immer angepasst an die jeweilige Ausbildungsstufe.

ÜBUNGEN IM STAND

Bei allen Hilfsmitteln ist eine korrekte Benutzung für einen sinnvollen Einsatz unabdingbar. Kein Pferdebesitzer wird direkt nach dem Kauf eines Kappzaumes, eines schönen Führseils und einer Gerte zur perfekten Piaffe gelangen, ohne zu wissen, wie diese Instrumente der Reitkunst verwendet werden!
Es bedarf einer Ausbildung und einzelner Ausbildungsschritte, um mit den richtigen Impulsen verständlich auf das Pferd einzuwirken. Mit diesen Signalen möchten wir in aller Ruhe die gewünschte Reaktion erklären.
Kappzaumeinwirkungen durch die Hand des Ausbilders sowie Zügel- und Gerteneinwirkungen sollten unmissverständlich ausgebildet werden. Ich beginne immer mit lösenden Impulsen. Das mache ich zuerst im Stehen, damit ich Widerstände durch ein möglicherweise schiebendes Hinterbein während der Bewegung (erkennbar an einem Druckgefühl in der Hand) vermeiden kann. Die Arbeit im Stehen erweist sich auch bei späteren Ausbildungsschritten als eine große Unterstützung, wenn wir dem Pferd Details in Ruhe und ohne Bewegung erklären möchten. Denn nur die Hilfe, die vom Pferd verstanden ist, wird eine hilfreiche Einwirkung sein und kann für Ausbildungszwecke verwendet werden.

Bei der Bodenarbeit gilt es, eine gefühlvolle Hand zu entwickeln.

Vertrauen schaffen, Losgelassenheit erlangen, Durchlässigkeit fördern – das ist das Ziel!

»Eine Hilfe ist nur dann eine Hilfe, wenn sie auch hilft.«

Marius Schneider

LÖSENDE ÜBUNGEN

Wenn wir mit der gymnastizierenden Arbeit am Kappzaum starten möchten, gilt der Grundsatz: vom Einfachen zum Schweren. Wobei einfach immer relativ ist! Bei den ersten Übungen geht es um die Funktionsweise „Kappzaum". Was diese Zäumung alles kann, ist zunächst nur auf Seiten des Menschen klar. Dem Pferd wird die Idee der Nachgiebigkeit nur durch Ausbildung vermittelt. Das sollte jeder interessierte Pferdebesitzer bedenken, damit keine Frustrationen aufkommen. Keine Arbeit ohne Schulung ist die Devise!
In der Ausbildung am Kappzaum lernt das Pferd als erstes, seinen Kopf auf einen Impuls auf das Nasenbein hin zu senken. Das klingt einfach, ist es aber nicht. Je nach Rasse und Pferdetyp kann diese Übung sehr leicht oder auch eine echte Herausforderung sein! Mit dem gesenkten Kopf ver-

liert das Pferd den Überblick. Es gibt die Verantwortung an den Menschen ab und schenkt ihm sein Vertrauen. Erst wenn das Pferd seinem Menschen und der Umgebung vertraut, kann es entspannen und loslassen. Losgelassenheit ist aber oberste Maxime.

Deshalb muss das Kopfsenken verlässlich erarbeitet werden. Durch ein reines Kopfsenken stellt sich nicht zwangsläufig eine Losgelassenheit im ganzen Körper ein, aber es trägt entscheidend dazu bei, dass wir alle Bereiche zur vermehrten Nachgiebigkeit animieren können. Auch die Pferde, die sich beim anfänglichen Senken von Hals und Kopf noch festhalten, müssen lernen, dass sie sich in der Tiefe entspannen können.

Bei dieser Übung sprechen wir vom „Lösen im Stehen“. Im Grunde genommen wird eine Vorwärts-abwärts-Haltung beim Pferd abgefragt und verlässlich entwickelt, denn die Dehnungshaltung und die Fähigkeit der Rahmenerweiterung sollte auch später, wenn Sie mit dem Pferd fortgeschrittene Übungen absolvieren, jederzeit abrufbar sein. Auch bei der Bodenarbeit müssen Verspannungen und Haltungsfehler vermieden werden. Es gilt, Halsstarrigkeit in Losgelassenheit umzuwandeln. Somit kann der lange Rückenmuskel, das Bewegungszentrum des Pferdes, frei und locker bleiben. Die Längsbiegung ermöglicht ein vermehrtes Herantreten des inneren Hinterbeines, was das Pferd dazu befähigt, sich zu tragen.

MERKE

Das Nachgeben am Kappzaum muss zunächst geübt werden, bevor es jederzeit abrufbar wird!

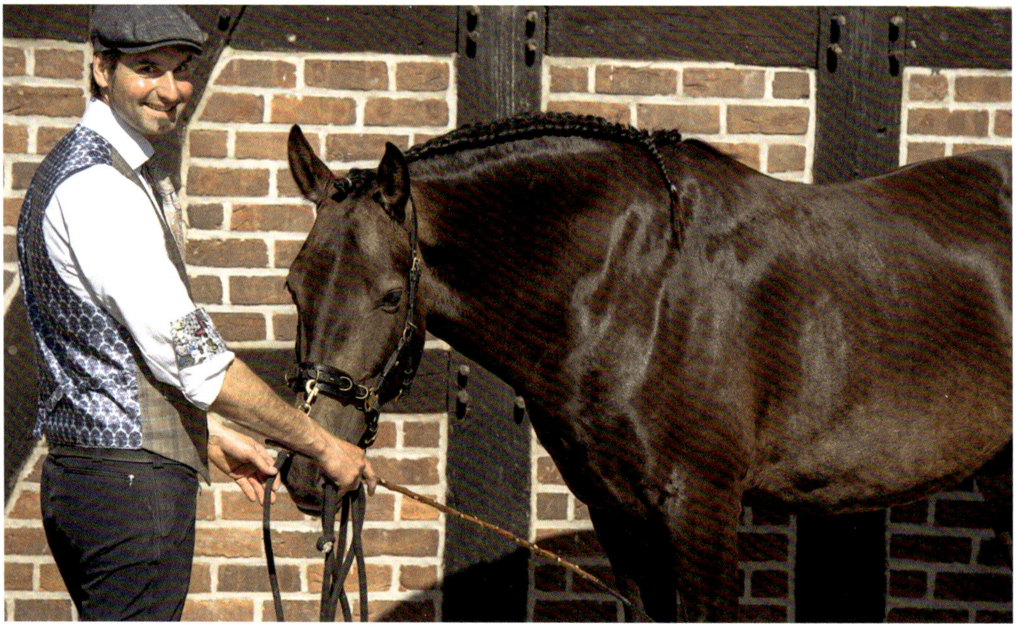

Das Lösen im Stand gibt Mensch und Pferd genügend Zeit, um zu verstehen. Im Stehen – verstehen!

Zu den lösenden Übungen im Stand zählt nicht nur das Loslassen in Richtung vorwärts-abwärts, sondern auch das seitliche Nachgeben. Eine seitliche Stellung nach rechts und links wird die nächste Aufgabe sein, die es zu vermitteln gilt. Im Kapitel „Kopfgelenke des Pferdes" können Sie gern noch einmal nachlesen, warum in der Regel das Abwärtstrecken bzw. das horizontale Dehnen zuerst geübt wird und entscheidend zu einer korrekten Stellung und Biegung beiträgt.
Als letzte Übung im Stand wird das Anheben von Kopf und Hals geübt. Das Pferd wird mobilisiert, und Sie rufen die Bereitschaft ab, Ihre Hand als Informationsquelle anzunehmen und dieser zu folgen. Sie erreichen, dass Sie beispielsweise einer zu starken Kopfabstellung problemlos mit der Hand entgegenwirken können. Auch ein zu starkes Kopfsenken können Sie durch Anweisung der Hand korrigieren, sofern Ihr Pferd die einzelnen Bewegungsrichtungen abrufbar verstanden hat. Nun sagt sich der ein oder andere Leser vielleicht, dass ein Reiter doch gar nicht so viel mit der Hand arbeiten soll, sondern immer nur im Einklang mit den Gewichts- und Schenkelhilfen. Das gilt ebenso für den Bodenarbeiter. Wenn bei einer Schulung jedoch mehrere Hilfen zum Einsatz kommen, muss im Vorfeld jede Hilfe einzeln

DIE HILFEN IM ÜBERBLICK

- Führseil mit dem mittleren Kappzaum-Ring verbinden.
- Position vor dem Pferd mit circa einer Armlänge Abstand.
- Gerte bleibt zunächst vor dem Pferd auf den Boden gerichtet, um ein plötzliches Angehen zu korrigieren.
- Die Schlaufen der Longe und die Gerte werden zusammen in einer Hand gefasst.
- Andere Hand bleibt als „führende Hand" frei.
- Die führende Hand greift den Karabiner am Führseil, zwecks Einwirkung auf den Nasenrücken.
- Senken der Hand, ohne gegen die Nüster zu drücken. Dabei einen gleichbleibenden Impuls vermitteln.
- Vorwärts-abwärts-Reaktion von Kopf und Hals soll erfolgen.
- Wichtig: In den Anfängen reichen kleinste Reaktionen und müssen positiv bestätigt werden.
- Bei Nachgiebigkeit sofort die Hand vom Kappzaum entfernen.
- **Seitliche Einwirkungen:** Position und Handling bleibt, Impulsrichtung verändert sich nach rechts oder links.

erklärt werden. Somit hat auch die Ausbildung der Hand einen großen Stellenwert und das in zweierlei Hinsicht: Zum einen bekommt das Pferd die Chance, die Handimpulse zu lernen und zu deuten, und zum anderen erhält der Mensch die Möglichkeit, seine Hand mit der dazugehörigen Impulsvermittlung zu trainieren. Das Gefühl für die richtige Einwirkung in den unterschiedlichsten Situationen gehört sicherlich zu den größten Fähigkeiten eines guten Reiters. Gelingen Vorwärts-abwärts-Bewegungen und kommt das Pferd der Aufforderung, sich zu stellen, direkt nach, dann sollte ein Aufwärtsimpuls ergänzt werden. Dabei bewegt sich die führende Hand aufwärts und hebt Kopf und Hals leicht an. Wurde das Ziel dieser Übungen erreicht, kann die Nachgiebigkeit im Schritt abgerufen werden. In der Bewegung können nun die ersten Ausbildungselemente wie beispielsweise Balance, Losgelassenheit und Form erarbeitet werden, damit das Reitpferd von der Bodenarbeit profitiert. Bitte bedenken Sie, dass die Schulung der Handimpulse nur im Stand ohne Einsatz der weiteren Hilfen möglich ist. In der Bewegung sind die ergänzenden Gertenhilfen notwendig.

TRAININGSTIPP

Wenn Sie die stellenden Impulse problemlos abrufen können, dann sollten Sie die Gerte hinzufügen. Im Moment der Aufforderung zum „Stellen" durch die Hand weisen Sie mit der Gerte in die dazu passende Schenkellage: Die Gertenspitze zeigt in die Gurtlage, wo normalerweise der innere Schenkel des Reiters liegen würde. Ihr Pferd lernt dabei, sich um einen inneren Schenkel herum zu stellen und bei fortschreitender Ausbildung zu biegen.

Kombinieren Sie die Arbeit im Stand mit der Arbeit in Bewegung.

MERKE
Üben Sie nicht wochenlang im Stehen, bevor es mit der Bewegung losgeht. Man sollte die stehende Arbeit als Ergänzung zu den Übungen in der Bewegung ansehen.

Diese mobilisierende Arbeit von Kopf und Hals führt uns automatisch zu einer Biegung durch den Körper. Auch bei der Arbeit im Stehen ist eine Biegung möglich und sogar gut zu erkennen. Sofern eine echte Nachgiebigkeit erreicht wird, reagiert die gesamte Wirbelsäule auf die Neuplatzierung des Schädels. Die innere Hüfte des Pferdes wird dabei etwas nach vorne-innen geführt. Es handelt sich hierbei um kleinste Bewegungen, die nicht mit dem Maß eines Kruppehereins verwechselt werden dürfen. Es empfiehlt sich, auf den inneren Hüfthöcker zu schauen, der sich während des Stellens nach innen bewegt.

STELLUNG UND BIEGUNG IN DER BEWEGUNG

Bevor es weitergehen kann, achten Sie bitte gezielt auf die individuelle Bewegung des Pferdes, das Sie schulen möchten. Wie fängt es an, sich zu bewegen? Wie geht es vorwärts? Lässt es sich ziehen und muss getrieben werden oder ist das Gegenteil der Fall? Es soll harmonisch aussehen, wenn sich Pferd und Mensch im Gleichklang bewegen. Dazu muss das Pferd auf kleinste Signale hin angehen, weichen und stoppen. Dank der Führarbeit stellt das kein Problem mehr da, es sei denn, wir heben den Anspruch! Denn ab jetzt geht es um die Erarbeitung einer Form in der Bewegung. Es klappt in der Regel nicht auf Anhieb, dass ein Pferd unter Beibehaltung der Form antritt. Es braucht Übung, und anfangs reichen wenige Schritte in der gewünschten Haltung. Ganz wichtig ist es, das Pferd viel zu loben. So versteht es am besten, was Sie von ihm möchten. Lassen Sie keinen Stress aufkommen, sondern beobachten Sie stets die Augen, Ohren und den Schweif des Pferdes. Sie sind der Spiegel der Losgelassenheit. Zudem sind planvolles, logisches und systematisches Vorgehen gefordert.

Um Leichtigkeit in der Bewegung zu erhalten,

PLANVOLLE HILFEN

Auch bei allen weiteren Arbeiten am Boden müssen Sie vorausschauend denken. Die Hilfengebung am Boden darf der Hilfengebung unter dem Sattel nicht widersprechen. Das heißt, dort, wo Sie die Gerte oder den Zügel bei der Arbeit anlegen, da liegt unter dem Sattel Ihr Schenkel bzw. der Zügel.
Sobald wir uns in einer bestimmten Gangart vorwärtsbewegen, reicht die reine Handeinwirkung für eine korrekte Formgebung nicht aus. Es folgt das Zusammenspiel von mehreren Hilfen, die in der Bewegung dringend notwendig sind. Allen voran kommt die Gerte zum Einsatz und ersetzt den fehlenden Reiterschenkel. Sie richtet sich in Gurtlage aus, eine Standardposition, um die sich das Pferd mit seiner Längsachse herumbiegen soll. Muss die Hinterhand darüber hinaus mehr unterstützt werden, so kann die Position in Richtung Hinterbein verändert werden. Eine Biegung

muss zunächst der innere Hinterfuß zum Schwerpunkt ausgerichtet werden.

ohne Widerstände gegen die Hand entsteht in der Bewegung nur, wenn die Hinterhand zum anfänglichen Tragen auf der gewünschten Arbeitslinie kommt.

DAS INNERE HINTERBEIN

Konzentrieren wir uns zunächst auf das innere Hinterbein, welches in Richtung Schwerpunkt gearbeitet werden muss. Dabei kommt es nicht auf ein „schnelles Laufen" in Form von Geschwindigkeit an, sondern es geht um die Bewegungsrichtung, die der innere Hinterhuf einschlägt. Die wenigsten Pferde werden ohne Schulung auf beiden Seiten mit dem Hinterfuß so optimal unter den Körper fußen, dass ein vermehrtes Tragen der eigenen Körpermasse stattfinden kann.
Vorher gilt es zu erkennen, wo die Körpermasse des Pferdes liegt. Ich könnte jetzt mit Lotlinien und weiteren Dingen diesen Schwerpunkt erklären, die Praxis zeigt aber, dass das am Anfang eher verwirrend ist. Aus diesem Grund möchte ich Ihnen lieber die Idee geben, den inneren Hinterfuß in die Linie des inneren Vorderfußes zu bringen. Im Idealfall spurt der Hinterhuf in den Hufabdruck des inneren Vorderbeins ein oder tritt sogar weiter über diese Spur. Der innere Hinterfuß darf auch geringfügig daneben fußen, sofern er von der Bewegungsrichtung unter den Körper des Pferdes geht. Aber Achtung: Tritt er zu weit seitwärts, kommt er außerhalb der Masse auf und kann von hinten keine Kraft übertragen. Dann kann die Körpermasse des Pferdes nicht optimal getragen werden!
Wir müssen dem Pferd beibringen, korrekt zu arbeiten, und anfangs geschieht das über den inneren Hinterfuß. Beachten wir dabei auch die unterschiedlichen Brustbreiten der Pferde! Warum nun auch das noch? Ganz einfach: Hat man ein Pferd mit einer breiten Brust, einem starken

Beginnen Sie zunächst mit etwas Abstand zum Kopf Ihres Pferdes, ohne auf die Form einzuwirken. Tempo, Spur und Fokus stehen im Vordergrund.

TRAININGSTIPP

Die gebogene Linie hilft bei der Erarbeitung einer Längsbiegung. Dabei sollten wir am Anfang immer eine Orientierungshilfe hinzufügen für ein effektives Zirkeln. Das Aufstellen einer Pylone in der Mitte des Zirkels wirkt dabei Wunder. Unabhängig von der Laufrichtung kann ein kurzer Blick in Richtung Pylone zur Orientierung beitragen. Ein jeder Reiter weiß, wie schwer es ist, einen runden Zirkel zu arbeiten – und das ist bei der Bodenarbeit nicht anders.

Gelingt der Zirkel und die Biegearbeit wird immer besser, so sollten wir kleine Überprüfungen der eigenen Arbeit mit einbauen, um das vermittelte Hilfenverständnis zu testen. Dabei fragen wir die Biegung nur durch das Positionieren der Gerte ab, ohne die Hand als Ergänzung zu verwenden. Biegt sich das Pferd genauso gut wie in Kombination mit der Hand, so hat es die Gertenhilfe verstanden.

Fundament, so wird es nicht so schnell am Schwerpunkt seitlich vorbeitreten. Ein schmales Pferd fußt demnach schneller am Schwerpunkt vorbei, was auch den Grad des Seitwärts einschränkt. Diese Übung ist erst dann korrekt ausgeführt, wenn die Bewegung durch den ganzen Körper über die Wirbelsäule fließt. Das lässt sich gut erkennen, da dann die innere Hüfte nach vorne kommt und aus Stellung eine echte Biegung entsteht. Es kommt zu einer Seitenbiegung des Rückgrates und einer Rotation des Brustkorbs. Für diese Bewegung haben wir Ihr Auge bereits bei der Arbeit im Stehen geschult.

Zwecks besserer Veranschaulichung vermittle ich gern das innere Bild einer Banane: Bei richtiger Biegung durch den Körper hat man tatsächlich den Eindruck, dass der Körper des Pferdes die Form einer Banane annimmt. Der Kopf ist leicht nach innen gerichtet, so wie im Idealfall auch das Ende des Pferdes. Die Mitte erhält dadurch einen leichten Schwung nach außen.

Weiter geht es mit der Kontaktaufnahme am Kappzaum und dem Ausrichten der Gerte. Achten Sie darauf, dass sich Tempo, Spur und Fokus nicht verändern.

Wenn sich beide Hinterfüße in Richtung Schwerpunkt bewegen, entwickelt sich durch die richtige Schwungrichtung eine Biegung um die innere Schenkelhilfe (Gerte).

Achtung: Stellung darf nicht mit Halsabbiegung verwechselt werden und das Platzieren der Hüfte nicht mit einer Travers-Bewegung. Erinnern wir uns: Bei richtig ausgeführter Stellung lässt sich der Kopf des Pferdes im Bereich des ersten Kopfgelenks bewegen, ohne dabei den gesamten Hals stark abzubiegen. Die Hand des Bodenarbeiters am Kappzaum ist hier ein wichtiger Faktor, um echte Nachgiebigkeit zu erkennen. Ab jetzt dient die Hand als „Empfänger" und wird das tragende Hinterbein durch die Abwesenheit von Widerständen direkt spüren. Es ist ein gutes Gefühl, wenn sich so viel geballte Muskelkraft leicht wie eine Feder bewegen lässt.

MERKE

Es gilt, vier Hinterbeine individuell anzusprechen! Diese Vorstellung hilft, dass auch keines vergessen wird. Die Anzahl „vier" kommt zustande, wenn wir folgendermaßen zählen: Wird auf der linken Hand gearbeitet, so muss der Bodenarbeiter sowohl das innere als auch das äußere Hinterbein erreichen können. Sobald der Handwechsel ansteht, wird auf der rechten Hand ebenfalls das innere und das äußere Hinterbein ansprechbar gemacht. In Summe kommen wir auf vier Hinterbeine!

Natürlich reicht es nicht aus, dass nur das innere Hinterbein geschult wird. Schließlich sieht es am Strand auch nicht gut aus, wenn nur der rechte Bizeps stark trainiert ist und der linke leider vergessen wurde! Es müssen alle Hinterbeine jederzeit erreichbar sein, um ein Gleichmaß der Gymnastizierung zu erreichen. Dazu dienen uns vor allem die Seitengänge am Boden, die ein gezieltes Ansprechen der Hinterhand ermöglichen.

UNWOHLSEIN ERKENNEN

Bei allen Übungen ist besonders zu beachten, dass die Speise- und Luftröhre frei bleiben und die Ohrspeicheldrüse nicht gequetscht wird. Zu enge „Halshaltungen", die Schmerzen oder einen Schaden hervorrufen, sind bei der Bodenarbeit genauso tabu wie unter dem Sattel. Das Pferd muss frei atmen, schlucken und den Unterkiefer frei bewegen können. Es darf sich auf keinen Fall eingeengt fühlen in seinem empfindlichen Kopfbereich. Unwohlsein wird sich schnell äußern, beispielsweise durch Kopfschlagen, Maulsperren, Zähneknirschen, dauerhaftes Ohrenanlegen und Rümpfen der Nüstern. Es gilt unter allen Umständen, diese Zeichen zu erkennen und als aufmerksamer Ausbilder seines Pferdes zu reagieren. Schieben Sie kürzere Arbeitsphasen ein oder fragen Sie weniger intensive Leistung ab. In schwierigen Fällen fragen Sie einen erfahrenen Ausbilder um Rat.

DIE SEITENGÄNGE

Es war einmal ..., so könnte man die Geschichte der Seitengänge beginnen, denn es gibt zu diesem Thema unzählige Literatur, die uns vielfältige Ansichten überliefert.
Zu den Seitengängen mit der größten Wirkung zählen Schulterherein, Kruppeherein, Travers und Renvers, alles Vorwärts-seitwärts-Bewegungen des Pferdes in den Grundgangarten. Das Pferd ist dabei in Bewegungsrichtung gebogen, ausgenommen im Schulterherein. Gemeinsam ist den Lektionen, dass allein schon durch die Biegung des Pferdes die Schubkraft gemindert wird. Den Hinterfüßen wird eine vermehrt tragende Aufgabe zugewiesen. Daraus resultierend kann dann wiederum eine positiv wirkende Schubkraft entwickelt werden.
Bei den Übungen auf drei und vier Hufschlägen beginnt zusätzlich die Schulung der gesteigerten Versammlungsbereitschaft, das heißt die gleichmäßige Belastung beider Hinterfüße findet mehr und mehr statt. Dabei lernen wir als Ausbilder zu fühlen, wieviel wir die Hinterhand unseres Pferdes belasten dürfen, um das Gleichgewicht zu erhalten – ein Gleichgewicht, dass durch eine natürliche Aufrichtung von Hals und Kopf sichtbar wird und eine freie, elastische Bewegung aus der Schulter ermöglicht, der die Hinterhand entschlossen folgt. Dieses Ziel erreichen wir beim inneren Hinterfuß durch die Biegung, beim äußeren Hinterfuß ebenfalls durch die Biegungsbereitschaft und durch ein Verwahren an den äußeren Hilfen. Biegung und Versammlung ergänzen sich gegenseitig und müssen daher gleichmäßig zueinander entwickelt werden.
Und wo bleibt die Stellung, fragt sich sicher mancher Leser. Auch auf die Gefahr hin, es kompliziert zu machen: Die „gebogene Geraderichtung" des Pferdes schließt immer eine Stellung mit ein. Sie wird dabei abgerufen und durch die Seitengänge um ein Vielfaches verbessert. Fließende Übergänge von traversartigem Gehen zu Schulterherein und umgekehrt machen das Pferd immer durchlässiger, ermöglichen ein sicher abrufbares Ausrichten der Schulter auf die Hüfte und garantieren so die Stellung.
Seitengänge machen das Pferd beweglicher durch eine stärkere Biegung der Wirbelsäule, die Beugung der Hinterhand und das richtige Maß an Vorwärts im Seitwärts. Die Seitwärtsbewegung ist eine natürliche Folge, im Grunde genommen aber eher Nebensache. Allein das Seitwärtslaufen fördert nicht die Gewandtheit eines Pferdes!
„Diese Übung hat sofort eine so vortreffliche Wirkung, dass ich sie als die erste und die letzte aller Lektionen ansehe", sagte schon François Robinchon de la Guérinière.

Das Schulterherein gilt als Mutter aller Seitengänge.

DAS SCHULTERHEREIN

Für ein Schulterherein am Boden ist es Voraussetzung, dass das Pferd im Schritt auf den gebogenen Linien in korrekter Längsbiegung, taktrein, losgelassen und in Balance geht. Dann ist sichergestellt, dass es gut auf die Körpersprache, Stimme, Zügel und Gertensignale reagiert und diese verstanden hat.
Das Schulterherein wird heute oft als „Mutter aller Seitengänge" bezeichnet, da es durch seine versammelnde und auch lösende Wirkung den Grundstein für alle übrigen Seitengänge legt und für die Geraderichtung des Pferdes ausschlaggebend ist. Bei fortschreitender Ausbildung wird das Schulterherein zu einer versammelten Lektion.

KRITERIEN KENNEN UND ERKENNEN

Das wichtigste Kriterium für alle Seitengänge ist die richtige Biegung und Stellung. Das Pferd soll von vorn bis hinten gleichmäßig biegsam werden, damit wir ihm das Erfüllen unserer Wünsche – später als Reiter – erleichtern können. Das Schulterherein ist hierfür eine der nützlichsten Lektionen, aber auch eine der schwersten, wenn es korrekt ausgeführt wird. Der Anspruch ist hoch, denn wir möchten mit dem Schulterherein Kopfstellung, Längsachsenbiegung, Schulterfreiheit, Brustkorbrotation und Beugung der Hinterhand verbessern. Außerdem engere Wendungen vorbereiten und die Fähigkeit schulen, dass das Pferd die Füße seitwärts setzt, ohne sich zu treten oder die Balance zu verlieren. Lesen und überdenken Sie diese Zeilen, wird klar: Das sieht nach viel Arbeit aus!
Allein schon die Innenstellung des Kopfes ist für manches Pferd-Mensch-Team schwierig, wenn es gilt, die angestrebte Arbeitslinie zu halten. Bedenken Sie, dass jede Biegung ihren Anfang in einer korrekten und sicheren Stellung im Genick findet. Es gibt viele Möglichkeiten für das Pferd, auszuweichen: Es kann Außenstellung einnehmen, gegen den Menschen drücken, sich auf die innere Schulter werfen oder nach rückwärts und außen wegdriften. Als Ausbilder sind wir dann aufgerufen, den Fragenkatalog in unserem Kopf durchzugehen.

Beim Schultervor wird von vorn betrachtet der innere Hinterfuß zwischen den Vorderbeinen sichtbar. Das Pferd geht noch kein erkennbares Schulterherein auf drei oder vier Hufschlägen.

— War meine Körperhaltung korrekt?
— Habe ich verstärkt Druck aufgebaut?
— Stehe ich auf der richtigen Position?
— Halte ich zu viel oder zu wenig Abstand ein?

DER ABLAUF

Hilfreich ist es, in korrekter Stellung und Biegung auf der Zirkellinie zu starten. Auch das innere Hinterbein ist ansprechbar und somit fähig, vermehrt unter den Schwerpunkt zu arbeiten. Nun geht es beim Schulterherein darum, etwas mehr Seitwärts abzurufen, als es bei der Biegearbeit der Fall ist. Der innere Hinterhuf soll nun nicht mehr in der Spur des Vorderbeins arbeiten, sondern tendenziell zwischen die Spuren beider Vorderbeine oder sogar in die Spur des äußeren Vorderbeins.

TRAININGSTIPP

Zu Beginn ist es besser, mit einem Schultervor zufrieden zu sein, als ein Schulterherein zu fordern auf Kosten der Losgelassenheit und Balance!

01 Die Gerte zeigt in Richtung inneres Hinterbein. Unterstützt die Gerte das Schulterherein durch eine Berührung, so sollte diese auf Höhe der vorwärts-seitwärts treibenden Schenkelhilfe stattfinden.

02 Trotz der leichten Schulterdrehung und der Gertenausrichtung muss der Oberkörper wenig nach hinten verlagert bleiben, um Raum für die Vorwärtsbewegung zu schaffen.

03 Verteilen Sie beim Rückwärtsgehen das Gewicht gleichmäßig auf beide Füße. Haben Sie z. B. zu viel Gewicht auf dem linken Fuß, verlieren Sie unbewusst die Linie, auf der Sie das Schulterherein laufen möchten.

01

02

03

Haben Sie erreicht, dass das Pferd sich löst und das Hinterbein korrekt unter die Masse tritt, kann es weitergehen. Es besteht die Möglichkeit, das Schulterherein auf drei oder vier Hufschlägen auszuführen. Entscheiden nicht Sie, sondern fragen Sie immer Ihr Pferd, welche Ausführung zum jetzigen Zeitpunkt abgerufen werden kann. Der Fokus liegt auf der Längsachse des Pferdes und der Fähigkeit, weiterhin in Richtung Schwerpunkt vorwärts zu fußen. Gehen diese Möglichkeiten verloren, verliert das Schulterherein seine Wirkung!
Vorrangige Hilfe zur Ausführung des Schulterhereins ist Ihre Körpersprache. Durch die bisherige, ausgiebige Führarbeit sind Sie in der Lage, variable Körperpositionen abzurufen: mal treibend, mal verwahrend, aber immer aufeinander abgestimmt, ähnlich wie beim Tanzen.

DIE HILFEN IM ÜBERBLICK

Linke Hand des Pferdes

- Rückwärtsposition vor dem Pferd
- Die Schulter der Gertenhand dreht sich leicht in Richtung inneres Hinterbein. Dabei dürfen Sie auf keinen Fall die Vorwärtsbewegung des Pferdes blockieren!
- Gerte wird Richtung Hinterhand positioniert.
- Im Moment des Abfußens kann durch deutliches Zeigen oder durch eine kurze Berührung am Bauch ein Seitwärts veranlasst werden.
- Das Vorwärts im Seitwärts muss immer erhalten bleiben.

DAS KRUPPEHEREIN

Mit dem Schulterherein kann die innere Hüfte vor- und untergreifen und die äußere Schulter kann sich heben. Damit wurden die Grundlagen geschaffen für das nun folgende Kruppeherein, das (als nächstes Ziel) die gesamte Vorhand heben wird. Dabei sollen die Bewegungen flüssig bleiben und von der Hüfte ausgehend durch den Brustkorb über die Schulter entlang des Halses laufen. Erst dann kann eine sichere Stellung des Genicks erfolgen bzw. erhalten bleiben. Damit aus „Kruppeherein" nicht „schiefes Laufen" wird, gilt es einige Dinge zu beachten. Und das ist nicht böse gemeint! Man kann es nur leicht verwechseln. Auch im Kruppeherein tritt der innere Hinterfuß Richtung Masse und darf nicht ausweichen oder zu kurz untertreten. Dabei muss die innere Hüfte vorn bleiben. Nur so kann die Hinterhand der Hauptantrieb werden.

Beim Kruppeherein geht es besonders um den äußeren Hinterfuß, welcher bei dieser Übung vermehrt unter den Schwerpunkt des Pferdes greifen soll. Damit bildet diese Lektion die Grundlage für Wendungen und Pirouetten und dient Ihnen als Schlüssel zur zwanglosen Versammlung. Die Pferde kommen automatisch mehr auf die Hinterhand. Sie gewinnen Kraft und Körperbeherrschung für schwerere Lektionen.

DER ABLAUF

Damit Seitengänge gelingen, müssen Sie sicher die äußeren Hilfen geben können. Die Gerte ersetzt den äußeren Zügel und Schenkel. Dabei ist die Hilfengebung recht einfach: Kommt die Hinterhand nicht genügend nach innen herein, so wird die Gerte über den Rücken in Richtung äußere Lende gehoben. Dort kann sie zur Aufforderung auch berühren. Fällt das Pferd über die äußere Schulter aus der Balance, so kann die Gerte vorn, direkt neben der ausfallenden Schulter, als verwahrende Hilfe (äußerer Zügel) eingesetzt werden.

Um dem Pferd diese Hilfe zu erklären, erfolgt zuerst eine optische Aufforderung nur durch das Zeigen der Gerte. Eine Berührung an der entsprechenden Körperstelle kann Ihren Wunsch untermauern. Hat das Pferd verstanden, sollte es als

Das Pferd versteht das Gertensignal auch ohne Berührung vom Pferd als Hilfe für das Kruppeherein.

DIE HILFEN IM ÜBERBLICK

Linke Hand des Pferdes

- Rückwärtsposition vor dem Pferd
- Die Schulter der führenden Hand dreht sich geringfügig Richtung Kopf und vermittelt damit ein leichtes Abfangen des Tempos. Dabei auf keinen Fall die Vorwärtsbewegung des Pferdes blockieren!
- Gerte wird Richtung Hinterhand positioniert.
- Im Moment des Abfußens veranlassen Sie durch deutliches Zeigen oder eine Berührung an der äußeren Lende ein Seitwärts.
- Behalten Sie Stellung und Biegung im Blick. Geht das verloren, korrigieren Sie umgehend, sonst ist die Lektion wertlos.
- Läuft das Pferd von Ihnen weg, wirkt die Gerte außen neben der Schulter abfangend.
- Das Vorwärts im Seitwärts muss immer erhalten bleiben.
- Die korrekte Körpersprache ist ausschlaggebend für den Erfolg.

01

02

03

04

01 Sichern Sie sich im ruhigen Stehen die Aufmerksamkeit des Pferdes.

02 Zeigen Sie mit der Gerte über den Rücken des Pferdes, um die optische Hilfe „äußerer Schenkel" verständlich zu machen.

03 Erfolgt keine Reaktion, dürfen Sie mit der Gertenspitze die Lendenpartie der Außenseite berühren, um die Hinterhand in Ihre Richtung zu bewegen.

04 Lassen Sie dem Pferd etwas Zeit zum Überlegen! Am Ende kommt die Hinterhand deutlich auf Sie zu. Es gilt zu Beginn der Grundsatz: „Es wird wenig erwartet, aber viel gelobt."

TRAININGSTIPP

Üben Sie mit Ihrem Pferd zunächst an der Bande, bevor Sie auf freien Linien wie beispielsweise dem Zirkel arbeiten. Das sichert Ihre Bewegungsrichtung und vermeidet zu Anfang ein Ausfallen der Hinterhand. Aber Achtung, lassen Sie sich nicht täuschen: Die Bande schützt nicht davor, dass Ihr Pferd eine falsche Hüftposition einnimmt oder das Gleichgewicht verliert. Ich empfehle, mehrere Volten an der langen Seite hinzuzufügen. Während der Volte sollten Sie nur an der Losgelassenheit arbeiten, um auftretenden Anspannungen vorzubeugen. Am Ende der Volte, also bereits kurz vor Erreichen des Hufschlags (bzw. der Bande) beginnen Sie erneut mit der Hilfengebung für das Kruppeherein. So kann Ihr Pferd rechtzeitig reagieren.

Wie beim Schulterherein gilt: Fordern Sie lieber wenig Abstellung und wenige Schritte, loben Sie viel und machen Sie viele Pausen.

Reaktion entweder die Schulter oder die Kruppe herein bewegen. Gelingt das nicht, halten Sie an und versuchen es zunächst im Stand, ehe Sie erneut in die Bewegung gehen. Anfangs reicht es völlig, wenn das Pferd die richtige Tendenz zeigt. Bauen Sie das Verständnis für die Hilfen langsam und mit viel Lob, auch für kleinere Reaktionen, auf. Bald wird das Pferd schon auf eine Andeutung mit der Gerte reagieren.
Bei kleinen Pferden lassen sich die äußeren Hilfen leichter vermitteln als bei sehr großen. Sind die Pferde größer, können Sie auf eine Bogenpeitsche ausweichen. Mit dieser längeren Gerte können Sie dann problemlos alle Punkte erreichen und die Hilfen verständlicher vermitteln. Wichtige Grundlage für den gesamten Bewegungsablauf des Pferdes und die Kraftübertragung ist das korrekte Herausheben der Schulter. Der äußere Hinterfuß muss seine Kraft richtig übertragen, dann läuft sie durch den ganzen Körper und erzeugt Schulterfreiheit. Das Genick wird zum höchsten Punkt angehoben. Der gesamte Bewegungsablauf des Pferdes wirkt somit erhabener und schöner!

DIE TRAVERSALE

Auch Traversalen können in der Basis-Bodenarbeitsposition – rückwärtslaufend vor dem Pferd – erlernt und ausgeführt werden. Dies ist ein weiterer wichtiger Baustein während der Ausbildung Ihres Pferdes. Ein Pferd ist reif für die Lektion Traversale, wenn es im Schulterherein und Kruppeherein sicher, ohne Anlehnung an die Bande, gehen kann.

DER ABLAUF

Bleiben Sie in der folgenden Führhaltung. Bei der Traversale handelt es sich um nichts anderes, als um ein Kruppeherein entlang einer diagonalen Linie. Daher verändert sich auch die grundsätzliche Hilfe für das Abrufen der Travers-Bewegung nicht. Eine gute Traversale ist aber nicht nur schön anzusehen, sondern Sie können an ihr auch hervorragend die erreichte Gymnastizierung erkennen und ermessen, welche Elemente der Ausbildung in der Bodenarbeit bisher erarbeitet wurden, bezogen auf Balance, Losgelassenheit, Form, Tempo, Takt und Schwung Ihres Pferdes. Wichtig ist, dass sich das Pferd bei der Traversale vorwärts-seitwärts, in Längsbiegung und in Laufrichtung bewegt. Gibt es zu Beginn Schwierigkeiten in der Umsetzung, stellen Sie sich vor, ein korrektes Kruppeherein zu arbeiten – an einer diagonalen Bewegungslinie. Und wenn Sie dann vor Ihrem inneren Auge diese Linie als Bande sehen, wird es schnell funktionieren. Wichtig: Die Schulter muss immer der Hinterhand vorausgehen. Während die Traversale erarbeitet wird, sollte es jederzeit möglich sein, das Pferd im Schulter-

TRAININGSTIPP

Fällt dem Pferd das Einhalten der diagonalen Linie für die Traversal-Verschiebung schwer und kommt es immer wieder zu einem Ausweichen der Hinterhand, so kann eine Leitlinie helfen. Legen Sie sich dazu Stangen- oder Schaumstoffgassen entlang der Diagonalen oder markieren Sie eine Linie mit Pylonen. Das ersetzt die Bande und hilft Mensch sowie Pferd, sich besser zu orientieren.

Auch Traversalen können bei der Bodenarbeit ausgebildet werden. Dabei traversiert das Pferd auf den Bodenarbeiter zu.

herein geradeaus zu führen. Streben Sie diesen Wechsel zu Beginn immer wieder an. Achten Sie bei den Übergängen darauf, dass Sie Ihr Pferd mit der Hilfe nicht überfallen. Lassen Sie ihm immer erst Zeit, in die Geraderichtung zu finden, ehe es mit dem nächsten Seitengang weitergeht.

DIE HILFEN IM ÜBERBLICK

Linke Hand des Pferdes

- Sind die Grundseitengänge Schulterherein und Kruppeherein entwickelt und in der Ausführung ausreichend gefestigt, ist die Entwicklung einer Traversale nur noch eine Frage der Routine! Die Ausbildung der Hilfen ist bereits bei der Schulung des Kruppehereins entwickelt worden. Nun kommt es noch auf ein paar Details an.
- Ich empfehle, beim Üben der ersten Traversalen immer „aus der Ecke kehrt" zu laufen. Ein Durchmesser von 10 Metern ist zu Beginn bestens geeignet.
- Die Kehrtvolte hat durch ihre Zirkelwirkung einen positiven Effekt auf die Längsbiegung des Pferdes. Damit dient sie einer idealen Vorbereitung auf die Traversale. Die aus der Ecke heraus entstandene diagonale Linie ist ebenfalls für die Erarbeitung der Traversale notwendig. Erst wenn die Vorhand Ihres Pferdes wieder in Richtung Hufschlag ausgerichtet ist, wird Ihr Gertenarm gehoben, um die Spitze der Gerte in Richtung äußere Lendenpartie auszurichten. Achten Sie darauf, dass die Kruppe nicht auf der gleichen Höhe mit der Schulter oder dieser voraus ist.
- Die Schulter muss immer voraus sein.
- Aber Achtung!!! Da die Vorderfüße bereits voraus gehen, kann es beim Heben Ihrer Gerte schnell zu einem Missverständnis kommen, indem die Gerte ein Vorantreiben der Vorhand auslöst. Ein Stützen auf die innere Schulter wäre die Folge. Deshalb sollten Sie zum Einleiten der Traversale zunächst die Gertenspitze in Richtung der Innenseite des Widerrists ausrichten und sie erst im Anschluss in Richtung des imaginären äußeren Schenkels heben.

DAS RENVERS

Zu guter Letzt möchte ich noch das Renvers ansprechen. Ja! Auch das ist bereits in der Grundausbildung der Hilfen am Kappzaum möglich, ohne jegliche Überforderung Ihres Pferdes. Vor-

Beim Renvers entfernt sich die Vorhand vom Hufschlag, während die Hinterhand dort verbleibt.

Zum Vergleich sehen Sie hier ein Kruppeherein auf gerader Linie. Zur besseren Veranschaulichung führe ich in der Handarbeitsposition (außen/Bande).

DIE HILFEN IM ÜBERBLICK

Linke Hand des Pferdes

- Biegung, Stellung und Setzen der Beine sind gleich wie im Kruppeherein, nur wird nicht die Hinterhand, sondern die Vorhand in die Bahn gestellt.
- Die Hilfengebung für das Renvers ist vergleichbar mit der Hilfengebung beim Kruppeherein. Dennoch gibt es einige Dinge zu beachten, damit das Renvers auch wirklich erfolgreich wird. Zunächst einmal benötigen Sie eine klare Vorstellung der gewünschten Linie, auf der das Renvers erarbeitet werden soll.
- Renvers-Übungen sind immer ein Garant für „Knoten im Kopf", erst recht, wenn Sie rückwärts vor dem Pferd laufen. Das Renvers kann aus vielen Varianten entwickelt werden, das macht es manchmal verwirrend. Im Folgenden gebe ich Ihnen eine mögliche Linie vor, um zu starten.
- Sie laufen aus der Ecke kehrt, um auf der Diagonalen Richtung Hufschlag eine Traversale auszuführen. Kurz bevor Sie den Hufschlag während der Traversale erreichen, wird das Renvers eingeleitet. Genauer gesagt sollte bereits auf dem dritten Hufschlag mit der Renvers- Vorbereitung begonnen werden.
- Dazu drehen Sie Ihre Schulter der führenden Hand leicht in Richtung Pferdekopf, ohne die Vorwärtsbewegung zu unterbrechen. Zusätzlich sollte durch die führende Hand die Durchlässigkeit überprüft werden (geben Sie halbe Paraden).
- Die Gerte wird aus der „äußeren Schenkelposition" entfernt und in Richtung der inneren Schulter ausgerichtet. Durch diese veränderte Gertenhilfe vermitteln Sie Ihrem Pferd ein Signal, dass es ab jetzt von der diagonalen Linie in die gerade Linie gehen darf. Somit wird die Laufrichtung der Vorderbeine in Richtung kurze Seite ausgerichtet. Die Vorhand läuft auf dem zweiten Hufschlag, und es ist noch genügend Platz zur Wand vorhanden, um die Hinterhand ins Renvers zu arbeiten.
- Damit der äußere Hinterfuß nun in Richtung Schwerpunkt fußen kann, muss die Hinterhand noch eine gewisse Wegstrecke hinter sich bringen. Im Grunde muss die Hinterhand die Vorhand überholen. Dazu wird die Gerte wieder nach oben über den Rücken ausgerichtet und wird somit zur äußeren Schenkelhilfe. Achten Sie darauf, dass die Hinterhand des Pferdes die Vorhand nur so viel überholt, dass eine gerade Bewegungsrichtung der Vorderbeine gewährleistet bleiben kann. Nur so wird die Balance und Losgelassenheit nicht gestört.
- Befinden Sie sich im Renvers, so ist ein aktives Weiterlaufen wichtig! Schnell kann es passieren, dass beim Übergang zum Renvers das Tempo zu sehr reduziert wird, was im Anschluss zu Problemen führt. Wie auch beim Erarbeiten eines Kruppehereins sollte ein aktives vorwärts-seitwärts-Fußen oberstes Ziel sein.

ausgesetzt ist immer eine systematische Aufbauarbeit und keine Ad-hoc-Lektionsarbeit. Das Renvers dient neben der Gymnastizierung des Pferdes auch der Koordination. Und sogar im doppelten Sinne, für Mensch und Pferd.
Ein besonders wichtiger Punkt in der Durchführung sowohl des Travers als auch des Renvers ist die sichere Beibehaltung der korrekten Stellung sowie des Bewegungstaktes. Auf gerader Linie erfordern beide Übungen das gleiche Setzen der Beine sowie konstante Stellung und Biegung.

DER ABLAUF

Bei der Renvers-Bewegung nimmt das Pferd mit seinem Körper dieselbe Grundhaltung ein wie beim Kruppeherein. Laufen wir entlang der Bande, bleibt die Hinterhand auf dem Hufschlag, die Vorhand wird nach innen in Richtung des zweiten Hufschlags geführt. Das ist also genau umgekehrt zum Kruppeherein entlang der Bande. Auch beim Renvers bleiben wir während der Grundausbildung in der folgenden Führposition und arbeiten weiterhin nach dem Prinzip des

TRAININGSTIPP
Um das Renvers zu verbessern, können Sie sich auf der Viertellinie der Reitbahn positionieren. Auf den folgenden Metern kann nun im Wechsel Kruppeherein links und Kruppeherein rechts ausgeführt werden. Es genügen jeweils wenige Schritte, so dass ein stetiger Biegungswechsel hervorgerufen wird. Gehen Sie zehn Meter in jeder Übung, dann kommt es bei einer Platzgröße von 40 Metern zu vier Biegungswechseln.

„Um-sich-herum-biegenden Pferdes". Wie im Kruppeherein soll die Biegungsrichtung in Laufrichtung sein. Das setzt voraus, dass Sie beispielsweise auf der geführten linken Hand Ihr Pferd nach rechts biegen und somit ein Renvers entlang der Bande entstehen lassen. Dabei sollten Sie sich selber ebenfalls auf die rechte Seite platzieren, zu der Sie Biegung fordern. Damit kann sich Ihr Pferd weiterhin um die inneren Hilfen biegen. Ich empfehle, das Renvers aus der Traversale zu entwickeln. Während der Traversale kommen alle wichtigen Komponenten einer guten Renversarbeit zusammen. Das Gleichgewicht und die Haltung sind gefunden und können eins zu eins übernommen werden. Dazu sollte die Traversale kurz vor Erreichen des Hufschlags zum Ende kommen und durch ein Renvers abgelöst werden. Um das zu erreichen, muss die Hinterhand über ein Signal des äußeren Schenkels die Vorhand überholen. Wir erinnern uns, dass die Vorhand bei der Traversale stets voraus sein sollte! Für einen fließenden Wechsel von der Traversale in das Renvers darf die Hinterhand zum Führen kommen. Ab dem Moment, in dem die Hinterhand vorrückt, beendet sich die diagonale Linie und geht in eine gerade Hufschlaglinie über, entweder entlang der Bande oder im freien Raum wie beispielsweise entlang der Mittellinie.
Mit dem Ausbilden des Renvers haben Sie Ihrem Pferd alle Grundseitengänge erklärt, die im weiteren Ausbildungsverlauf immer mehr verfeinert werden können. Und das alles, ohne dabei Ihre Position vor dem Pferd zu verändern.

AUSBLICK

Sie müssen nicht erst alle Seitengänge ausbilden, bevor mit dem Basis-Longieren gestartet werden kann. Das Basis-Longieren bildet vielmehr eine ideale Ergänzung zu der Ausbildungsarbeit der Seitengänge. Wichtige Voraussetzung ist die Entwicklung der Stellung und Biegung und der

Gestalten Sie den Übergang zum Basis-Longieren fließend.

daraus resultierenden Form, damit Sie unabhängig von Ausbindern in der Lage sind, Ihr Pferd anatomisch sinnvoll zu longieren. Insbesondere geht es um die Beibehaltung der Form auf Distanz. Auf einen fließenden Übergang ohne Kommunikationsschwierigkeiten lege ich bei der Ausbildung meiner Pferde und Schüler großen Wert. Damit Ihnen ein harmonischer Übergang von der rückwärtslaufenden Frontposition am Kappzaum hin zum Longieren gelingt, hilft wiederum die Führarbeit. Bereits in der Führarbeit haben wir bei der Erarbeitung der Zweitspur alle wichtigen Schritte ausgeführt. Es folgt nach dem Wechsel in die Zweitspur nur noch das Drehen und Ausrichten des Körpers in die Bewegungsrichtung des Pferdes.

LONGIEREN

—*Die richtige Form finden*

Beim Longieren kommt es auf eine lockere, aber stetige Führung der Longe an.

LONGIEREN IM BASISBEREICH

IN FORM GEBRACHT OHNE HILFSZÜGEL

Als Grundvoraussetzungen für abwechslungsreiches Longieren gilt: Distanz erlauben und Kommunikation erhalten. Dann können Sie Ihr Pferd ohne Ausbinder im Schritt, Trab und Galopp in Haltung longieren und flexibel auf Stellung, Biegung sowie Rahmenerweiterung eingehen, bei leichter Führung der Longe. Natürlich müssen wir dafür zunächst einige Voraussetzungen schaffen bzw. überprüfen. Durch die Basis-Bodenarbeit am Kappzaum und die Schulung der Hilfen ist bereist alles für das erfolgreiche Longieren ausgebildet worden. Die große Hürde beim Übergang zum Longieren wird sein, den bisher aufgebauten Kontakt zum Pferd nicht zu verlieren. Wir gewähren über die Longe mehr Freiraum, wollen

aber die Kommunikation erhalten! Unabhängig von der erweiterten Distanz können alle bereits entwickelten Hilfen und die in der vorangegangenen Arbeit erreichte Form des Pferdes weiterhin bestehen – ohne die Verwendung von Hilfsmitteln. Der Kappzaum nimmt dabei einen großen Stellenwert ein, denn er umschließt aufgrund seiner Bauart den gesamten Pferdeschädel und kann dem Pferd helfen, eine gute, balancierte Position seines Kopfes, entsprechend der Biegung der Wirbelsäule, zu finden. Alle vorangegangenen Ergebnisse, die am Kappzaum erarbeitet wurden, werden beim Longieren noch weiter ausgebaut.

KONTAKT UND KOMMUNIKATION

Ein wichtiger Gedanke bei der Benutzung des Kappzaums ist das Ausrichten des Pferdeschädels, um die gesamte Wirbelsäule positiv und physiologisch sinnvoll zu beeinflussen. Dabei geht es um die Schulung eines richtigen Körperbewusstseins, nicht um ein Ziehen am Kappzaum. Das wird beim Longieren schnell klar, denn jeglicher Zug an der Longe würde einen Verlust der Kommunikation und der Zirkellinie verursachen. Je weniger am Pferdeschädel manipuliert wird, desto mehr hat das Pferd die Möglichkeit, zu einer körperlichen Einheit zu finden.

Jetzt wird sich sehr schnell herausstellen, ob wir in der Lage sind, auch mentalen Kontakt zu halten. Das bedeutet, die Konzentration des Pferdes aufrecht zu erhalten und trotz sich steigernder Distanz ein sicheres Führen zu vermitteln. Das hört sich schwierig an, ist es aber bei richtiger Vorbereitung nicht. Vorrangig geht es um unsere Körpersprache, unser Gefühl und unsere Vorstellungskraft. Mental stark sind wir immer dann, wenn wir uns auf das Ziel unserer Aufgabe konzentrieren können, Rückschläge und Niederlagen hinnehmen, indem wir uns bewusstmachen, dass wir aus Fehlern nur lernen können. Frustration grenzen wir dabei einfach aus.

Ich bilde alle meine Pferde und auch Schüler im Longieren aus. Das Longieren bietet eine Vielzahl an Möglichkeiten rund um das Thema Pferdeausbildung, beispielsweise …

- die Verständigung zwischen Mensch und Pferd zu optimieren;
- das Pferd im Kreislinienkonzept zu schulen;
- die Geraderichtung zu verbessern;
- Balance, Losgelassenheit und Form zu optimieren;
- Versammlungsfähigkeit zu entwickeln;
- Kraft und Koordination zu optimieren;
- die Konzentration des Pferdes zu verbessern;
- den Fokus auf den Menschen und seine Hilfengebung zu richten;
- Vertrauen entwickeln, Verantwortung abgeben und das Pferd – auf Ehrenwort – mit mehr Abstand zum eigenen Körper arbeiten lassen;
- Tempo, Takt und Schwung zu verbessern;
- die Selbsthaltung des Pferdes zu verbessern.

LONGIEREN – SINN UND NUTZEN

Was bedeutet Arbeit an der Longe? Definitiv gehört ein wildes, unkontrolliertes Rennen und Durch-die-Halle-schleudern nicht zum Longieren. Longieren kann ein sehr wertvolles Ausbildungswerkzeug sein, während ein falsch verstandenes Longieren sogar schädlich für Körper und Geist des Pferdes ist. Longieren dient einer durchdachten Gymnastizierung und kann so ziemlich alle Elemente einer Pferdeausbildung entwickeln und verbessern. So können sogar an der Longe verschiedene Seitengänge und auch Lektionen erarbeitet werden. Longieren ist somit alles andere als eintönig oder langweilig.

Das Prinzip Longe-Kreis-Pferd sieht leicht aus, birgt aber viele Tücken in der praktischen Umsetzung – vor allem dann, wenn es aus Zeitmangel mal eben so zur Bewegung des Pferdes eingesetzt wird. Versuchen Sie nie, fehlende Zeit für das Reiten mit dieser Art der Arbeit zu ersetzen. Longieren gehört vielmehr zur absolut ernstzunehmenden Ausbildungsarbeit eines Pferdes. Das setzt aber voraus, dass Sie die Arbeit an der Longe strukturiert aufbauen. Genauso wie bei allen anderen Schritten innerhalb der Ausbildung gibt es also auch hier eine Grundausbildung.

Besonderheiten beim Longieren

Wir longieren auf einer Zirkellinie, die als Arbeitslinie der Gymnastizierung dient. Eine runde Sache, die aber auch schnell zu einem Teufelskreis werden kann: Der Zirkel gehört nicht zum natürlichen Bewegungspotenzial eines Pferdes, und gerade bei jungen Pferden kann hier ein falscher Grundstein gelegt werden. Aus diesem Grund ist der Ausbilder dafür verantwortlich, dem Pferd die Idee eines Zirkels erst einmal zu erklären. Außerdem ist er dazu verpflichtet, dass das Pferd sich bei dieser Arbeit wohlfühlt und nicht verspannt. Das ist ein Grund, warum bereits in der Basis-Bodenarbeit am Kappzaum die Arbeit auf gebogener Linie entwickelt wird. Somit schaffen wir die Möglichkeit, das Pferd auf die Longenarbeit vorzubereiten.

Wer richtig longiert, kann sein Pferd in vielerlei Hinsicht unterstützen.

»Die Anmut eines Pferdes ist wie eine Blüte, die, einmal verblüht, nie wiederkehrt.«

Antoine de Pluvinel

Bevor das Longieren zum Erfolg führt, müssen wir uns intensiv mit der Arbeitslinie beschäftigen: Wie bereits erwähnt, geht es beim Longieren „rund" zur Sache! Die Linie, auf der sich das Pferd zwecks Gymnastizierung bewegen soll, muss immer eine Kreislinie sein. Der Zirkel ist aus der Reitlehre nicht wegzudenken und gilt als eine der ältesten Bahnfiguren, welche selbst in der Neuzeit nicht an Bedeutung verloren hat. Er wird in fast allen Reitweisen als Bahnfigur genutzt, und das aus gutem Grund.

Wir haben uns in diesem Buch von Anfang an mit der Verbesserung von Kraft, Koordination, Geschmeidigkeit und Verständnis der Hilfen beschäftigt. Alle vorangegangenen Übungen waren darauf abgestimmt, das Pferd bestens auf die Reitbahnarbeit vorzubereiten. Somit wird es zum Zeitpunkt des Longierens keine Probleme mehr haben, zu zirkeln. Schonend und behutsam wurden alle wichtigen Elemente für korrektes Zirkeln ausgebildet, um jegliche Frustrations- und Motivationsprobleme zu vermeiden. Besonders der Vorwärtsdrang leidet nur zu schnell durch falsch verstandenes Zirkeln, er muss unter allen Umständen aufrechterhalten bleiben, um die Qualität der vorwärtsarbeitenden Hinterhand durch korrekt erarbeitetes Zirkeltraining zu steigern. Wir wollen aber kein übereiltes Tempo oder gar panisches Wegrennen.

Spannungen werden immer dann entstehen, wenn der Longierende versucht, durch Ziehen an der Longe das Pferd auf der Kreislinie zu halten. Unser bisheriger strukturierter Trainingsplan hat die Grundlage geschaffen, dass das Pferd auf dieser Linie verbleibt – ohne ziehen! Der Körper des Pferdes soll sich mit einer sichtbaren Vorwärtsbewegung auf der Kreislinie bewegen, nicht eilig oder gar schnell.

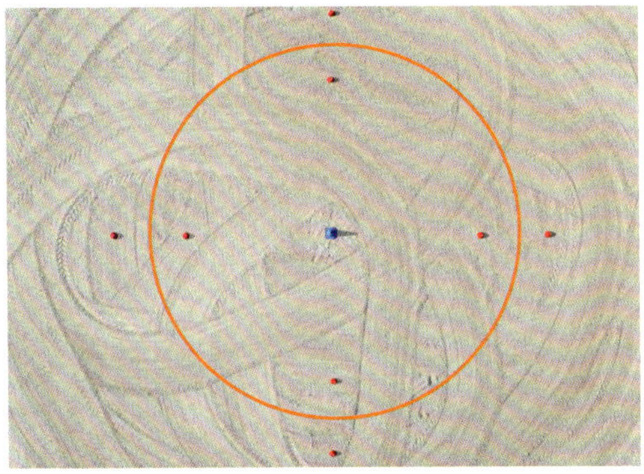

Pylonen an allen vier Zirkelpunkten helfen dem Longenführer, vorausschauend zu arbeiten.

TRAININGSTIPP

Eine sehr hilfreiche Unterstützung ist das „Target-Training", bei dem die Kreislinie durch Kennzeichnung für Reiter und Pferd sichtbar gemacht wird. Dabei können Hütchen oder Gassen hervorragende Dienste leisten, sie sind schnell aufgebaut Das präzise Zirkeln beispielsweise durch Pylonen erleichtert es, eine gleichmäßige Kreislinie zu erarbeiten. Präzision auf der Linie ist Voraussetzung und Schlüssel zum Erfolg. Dabei ist darauf zu achten, dass immer mittig durch die beiden aufgestellten Pylonen gearbeitet wird. Durch das Aufstellen von zwei Pylonen kann auch besser erkannt werden, in welche Richtung das Pferd an Balance verliert. Das „Über-die-äußere-Schulter-laufen" oder „Auf-die-innere-Schulter-fallen" wird schnell bewusst bei feststehenden Targets. Nähert sich beispielsweise die äußere Schulter dem äußeren Hütchen, so ist gewiss, dass die Balance auf der Zirkellinie gestört ist. Dasselbe gilt für die innere Schulter und das innere Hütchen.

Auch beim Longieren sollte die Möglichkeit der stehenden Arbeit nicht vernachlässigt werden.

Nur wenn wir das Pferd so schulen, dass es lernt, die Hinterbeine unter den Schwerpunkt zu setzen, wird es das richtige Bewegungsgefühl erlangen. Durch das Vorwärtsarbeiten der Hinterbeine entwickelt sich Tragkraft bei gleichzeitiger Stabilisierung des Rückens und Entlastung der Vorhand – ein wichtiges Ziel auf dem Weg, die Tragfähigkeit für das Reitergewicht zu erlangen.

TEMPO UND BALANCE

Genau wie wir Menschen haben auch Pferde Schwierigkeiten, wenn es darum geht, auf beiden Seiten ein gleichmäßiges Körperbewusstsein zu entwickeln. Hinzu kommt die angeborene natürliche Schiefe, die es innerhalb der Ausbildung zu beheben gilt. In den Fällen, in denen die natürliche Schiefe besonders ausgeprägt ist, wird es für das Pferd noch schwieriger, seine Aufgabe als Reitpferd zu bewältigen. Hier kommt das Geraderichten ins Spiel, das sich dank der Biegearbeit beim Longieren verbessern lässt.
Während wir bei der anfänglichen Formgebung am Kappzaum vorrangig in der Gangart Schritt arbeiten, gehört zur Grundausbildung an der Longe auch die Entwicklung von Tempo, Takt und Schwung in den Gangarten Trab und Galopp. Für manch junges Pferd ist das Longieren keine schwere Aufgabe. Mit ein wenig Routine wird es sich relativ schnell in allen Gangarten geschmeidig longieren lassen. Andere Pferde, abhängig vom Exterieur und Zuchtziel, können zu Beginn des Longierens große Schwierigkeiten zeigen und benötigen unter Umständen mehr Zeit für die Entwicklung der schwungvolleren Gangarten. Nicht zu vergessen ist, dass nicht jede Pferderasse problemlos alle drei Grundgangarten vorweisen kann. Je nach Zuchtziel sind Trab oder Galopp nur schlecht bis gar nicht ausgeprägt. Neben dem Abrufen der einzelnen Gangarten ist auch das Ausbilden von Übergängen wichtig! Mit dem Abrufen verschiedener Übergänge haben wir ein weiteres ideales Mittel der Gymnastizierung.

Basisübungen an der Longe

Fließende Übergänge vom:
- Schritt zum Halt
- Halt zum Schritt
- Schritt zum Trab
- Trab zum Schritt
- Trab zum Halt
- Halt zum Trab
- Trab zum Galopp
- Galopp zum Trab
- Dazu Handwechsel im Schritt
- Tempowechsel in den Grundgangarten
- Lösen im Stand

TRAININGSTIPP

Anfangs kann es schwierig sein, die Form während des Longierens zu erhalten. Sie sollten dann versuchen, den Abstand zum Pferd etwas zu verringern. Longieren bedeutet nicht zwangsläufig, dass ein großer Abstand zum Pferd entstehen muss. Zu Beginn können Sie sich sehr nah neben den Körper des Pferdes ausrichten, so wie es aus der Führarbeit in der Führposition 3 bekannt ist. Dabei müssen Sie mit dem Pferd mitlaufen, damit der Zirkel nicht zu klein wird. Durch die Nähe vermitteln Sie Sicherheit. Hinzu kommt, dass Sie schneller einwirken können (durch den Kappzaum oder durch direkte Berührungen Ihrer Hand oder der Gerte an verschiedenen Bereichen des Pferdes). So kann durch Berührung an der Schulter häufig die Balance verbessert werden und durch eine Berührung am Bauch unterstützen Sie das schwingende Hinterbein in Richtung Schwerpunkt. Auch Übergänge können durch etwas mehr Nähe profitieren, weil Sie innerhalb der Übergänge besser auf die Form eingehen können.

Das fortgeschrittene Longieren macht Spaß und motiviert.

01

02

LONGIERPROBLEME MEISTERN

Das Pferd drängelt nach innen

Ein häufig entstehendes Problem, ist das Hineinlaufen in den Zirkel. Dabei stützt sich Ihr Pferd in Richtung innere Schulter ab und läuft auf Sie zu. Gefühlt drängelt das Pferd in Ihre Richtung. Ein verständliches Problem, denn schließlich soll Ihr Pferd nach innen schauen – aber dennoch um Sie herumzirkeln. Machen Sie es sich und Ihrem Partner leichter und beginnen Sie den Zirkel nah am Körper des Pferdes. Bleiben Sie dabei zunächst auf Höhe der Schulter und zeigen Sie mit Ihrem Zeigefinger auf innere Schulter und Hals (Sie können das Pferd dort auch berühren).

Das Pferd bleibt nicht in Stellung und Biegung

Das geschieht am Anfang häufig. Darum gilt es, Stellung und Biegung zu festigen, um diese auch bei größerem Abstand zu erhalten. Wir müssen dazu den Hinterfüßen eine Schwungrichtung unter den Körper des Pferdes ermöglichen. Zu Beginn sollten Sie nah am Körper Ihres Pferdes bleiben (s. Bild 02). Lassen Sie sich leicht nach hinten auf Schulterhöhe fallen und zeigen Sie mit Ihrer Hand und Gerte in die Gurt- bzw. Schenkellage. Somit befinden Sie sich in einer Longenposition ohne großen Abstand. Die gewünschte Biegung wird sich dadurch verbessern und handunabhängig weiterentwickeln. Zusätzlich werden beide Vorderbeine und die Schultern besser auf die Zirkellinie ausgerichtet. Dies hebt die Schultern und lockert den Hals.

Den richtigen Abstand finden

Natürlich hat Longieren zum Ziel, dass Ihr Pferd mit viel Abstand zu Ihnen korrekt um Sie zirkelt. Im Schritt müssen Sie aber nicht zwangsläufig mit viel Abstand anfangen. Bild 01 und 02 veranschaulichen eine Longenposition ohne Abstand. Haben Sie ein sicheres Gefühl beim Abfragen der Hilfen entwickelt, solange Sie nah neben Ihrem Pferd stehen, kann der Abstand erweitert werden. Aber langsam und Stück für Stück. Lassen Sie die Longe 50 cm länger – was passiert? Verlieren Sie die Form oder Aufmerksamkeit Ihres Pferdes, war der Wunsch nach mehr Abstand evtl. zu früh. Dann sollten Sie in kleinen Schritten vorgehen und die Longe ein wenig verlängern.

03

04

Die Grundhaltung der Gerte

Klappt ein größerer Abstand unter Beibehaltung der Biegung, sollte die Gerte als Grundhaltung in Richtung Schenkelposition zeigen. Ähnlich der gerittenen Arbeit benötigt Ihr Pferd eine gleichbleibende Hilfe, um die es sich herumbiegen kann. Natürlich wird eine veränderte Situation auch eine veränderte Gertenposition benötigen, beispielsweise zum Gangartwechsel oder beim Tempoverlust.

Die passende Zirkelgröße

Die Zirkelgröße sollte immer zur Balance und Versammlungsfähigkeit Ihres Pferdes passen. In der Regel benötigt das Pferd zu Beginn der Ausbildung einen größeren Zirkel im Trab und Galopp als im Schritt. Also wird es Zeit, die Longe immer länger zu lassen, um vor allem in den höheren Gangarten eine angepasste Zirkelgröße zu gestatten. Je nach Pferderasse und dem damit verbundenen Zuchtziel werden Sie große Unterschiede feststellen, was die Fähigkeit des „Auf-dem-Zirkel-Laufens" angeht. Einigen Pferderassen fällt es unglaublich leicht, auch in höheren Gangarten einen kleineren Zirkel auszuführen.

05

01 Der Zeigefinger hält das Pferd auf Abstand.

02 Erarbeiten Sie Stellung und Biegung zunächst dicht am Pferd.

03 Vergrößern Sie langsam und Schritt für Schritt den Abstand.

04 Die Gerte in der Schenkellage ist die biegende Hilfe.

05 Die Longenlänge reguliert die Zirkelgröße.

FORTGESCHRITTENES LONGIEREN

KÖRPER UND GEIST DES PFERDES GEWINNEN

Haben Sie schon mal mit Seitengängen an der Longe gearbeitet oder das Pirouettieren durchs Longieren verbessert?
Noch nie davon gehört?! Das kann ich gut verstehen. Vielen Pferdebesitzern ist gar nicht klar, welche Vielfältigkeit das Longieren haben kann. Einem abwechslungsreichen Programm an der Longe steht nichts im Wege, sofern man die Aufmerksamkeit und Motivation des Pferdes in der vorangegangenen Ausbildung gewonnen hat. Aus diesem Grund soll dieses Kapitel einen Einblick in einen noch recht wenig bekannten Bereich der Bodenarbeit geben – mit großem Spaßfaktor! Nennen wir es „fortgeschrittenes Longieren“.
Wie immer bei der Reitkunst dreht es sich nicht um irgendeine Neuerfindung, sondern eher um die Entwicklung bereits bestehender Zusammenhänge. So hat die Akademische Reitkunst diese Zusammenhänge geschickt aneinandergereiht und daraus das fortgeschrittene Longieren geformt. Warum kann dieses Thema wichtig sein, wird sich der eine oder andere Leser fragen. Es kommt ganz darauf an, was man erreichen möchte und welche Ansprüche das Pferd hat. Daraus resultiert schlussendlich die entsprechende Antwort.
Beim Basis-Longieren schaffen wir eine Grundlage der Ausbildung an der Longe und arbeiten vor allem mit inneren Hilfen. Alle Hilfen des Longenführers sind einseitig. Dies resultiert aus seiner Position in der Mitte der Kreislinie. Durch die anfängliche Longenarbeit bringen wir den Kreislauf des Pferdes in Schwung und bilden eine Grundmuskulatur. Möchten wir darüber hinaus weitere Übungen an der Longe entwickeln, die

Das fortgeschrittene Longieren bereichert die allgemeine Longenarbeit in vielerlei Hinsicht.

den Muskelaufbau vermehrt fördern, so wird die versammelte Arbeit ein wichtiges Thema werden. Und hier kommt das fortgeschrittene Longieren zum Einsatz.
Im fortgeschrittenen Longieren wird die Position zu Beginn nicht verändert, das bisher eingesetzte Hilfensystem wird durch die äußeren Hilfen ergänzt. Damit entwickelt sich ein ganzheitliches Hilfensystem analog zum Reiten. Das Pferd lernt in dieser Phase der Ausbildung, die von der Basis-Bodenarbeit oder vom Reiten bekannten Hilfen des inneren und äußeren Schenkels und des entsprechenden Zügels in Form von Gertensignalen auf Longenabstand zu akzeptieren. Die Hilfen sind bei dieser Arbeit unabhängig vom Abstand zwischen Ausbilder und Pferd abrufbar.
Besonders der Einsatz von äußeren Hilfen ist beim Longieren interessant, denn die Kreislinie kann zum Problem werden. Pferde bewegen sich von Natur aus nicht dauerhaft in engen Wendungen, im Gegenteil, sie müssen es erst lernen. Werden die dafür erforderlichen Bewegungsmuster nicht korrekt ausgebildet, leiden auf der Kreislinie Muskeln, Sehnen und Gelenke, vor allem in den schnelleren Gangarten aufgrund der Fliehkräfte. Das Rahmen des Pferdes durch innere und äußere Einwirkungen hat somit zur Aufgabe, immer präziser die Arbeitslinie „Zirkel" zu unterstützen

Selbst Übungen der Hohen Schule können durch das fortgeschrittene Longieren spielerisch entwickelt werden.

und von der Longe unabhängig zu werden. Ein Überstellen oder Überbiegen kann dann viel besser verhindert werden. Zeitgleich werden allgemeine Form und Haltung verbessert.
Es eröffnet sich die Möglichkeit, alle reiterlichen Übungen und Lektionen an der Longe abzurufen. Beim fortgeschrittenen Longieren wählt der Ausbilder zwar die Position eines Longeurs, ist aber trotzdem in der Lage, das Pferd durch die bereits erarbeiteten Übungen gerade zu richten und zu versammeln. Angefangen bei lösenden Übungen im Stand und in der Bewegung, die das Pferd auf das Training optimal vorbereiten, geht es weiter mit der Verbesserung der Übergänge innerhalb einer Gangart und zwischen den verschiedenen Gangarten. Darauf folgen Seitengänge an der Longe, die das Körperbewusstsein und die Durchlässigkeit fördern und ein aktives Geraderichten erst möglich machen. Kraft, Energie und Geschmeidigkeit sind weitere wichtige Punkte, die eine spätere Lastaufnahme der Hinterhand erst richtig erlauben.
Das fortgeschrittene Longieren kann auch spontan zwischen lösender, entspannender, motivierender oder auch versammelter Arbeit wechseln und jederzeit auf die individuellen Bedürfnisse eines Pferdes eingehen. Durch so viel Flexibilität sind auftretende Probleme oder Schwierigkeiten bei der Ausbildung besser zu lösen. Neben der Tragkraft können vor allem Tempo, Takt und Schwung geschult werden. Durch die gezielte Entwicklung des Schwungs wird wiederum der Weg zur Versammlung geebnet.
Wer die nötigen Techniken, das Gefühl und vor allem den Geist und das Herz seines Pferdes gewonnen hat, kann es vom Boden aus komplett ausbilden. Von der Remonte bis zur Hohen Schule sind keine Grenzen gesetzt. Ich empfehle immer eine passende Mischung aus beiden Bereichen, dem Reiten und der Bodenarbeit. Steht die Option „Reiten" nicht zur Verfügung, werden die verschiedenen Facetten der Bodenarbeit dem Pferd trotzdem ein abwechslungsreiches Programm liefern.
Dreh- und Angelpunkt des Erfolgs ist vor allem die Beziehung zum Pferd, die sich auf Vertrauen, Rücksicht und Respekt stützt. Nur wenn der Ausbilder eines Pferdes eine vertrauensvolle Atmosphäre, besonders bei der intensiveren Arbeit, schafft, und mit seiner Körpersprache feine und verständliche Signale sendet, wird sich das Pferd in aller Schönheit präsentieren können. Wer mit groben Hilfen die Führigkeit des Pferdes an der Longe verbessern will, wird das Gegenteil erreichen und es verderben. Wie immer gilt es viel zu loben, zu motivieren und angemessen zu fordern!
Das fortgeschrittene Longieren stellt eine große Herausforderung dar, denn das Pferd ist aufgrund der Distanz zum Longenführer immer in der Lage, ein „Nein" bezogen auf Aufmerksamkeit und Mitarbeit zu formulieren. Fehlt das Vertrauen zum Menschen oder entwickeln sich Angst und Panik durch zu hohen Leistungsdruck bei den verlangten Übungen, kann sich eine Überforderung sehr schnell zeigen. Ein rasches Entziehen aus der Situation durch ein seitliches Ausweichen oder Wegrennen kann die Folge sein. Bei dieser Art des Longierens wird die Verbindung zwischen dem Mensch-Pferd-Team sehr deutlich gespiegelt. Dem Pferd wird in diesen Arbeitsschritten ein Höchstmaß an Präsenz abverlangt. Jegliche Signalgebung findet auf Distanz statt. Ein starkes Einschließen zwischen den Hilfen wie beim Reiten oder das Rahmen mittels Bande und Gerte wie bei der Handarbeit ist nicht möglich.
Fortgeschrittenes Longieren vereint die Elemente des Horsemanship mit den Elementen der dressurmäßigen Gymnastizierung und bringt viel Freude in die Zusammenarbeit.

DIE BEWEGLICHE VORHAND

Ist die Linie, auf der gearbeitet werden soll, kein Problem, kann mit dem Einrahmen durch die Hilfengebung des Longeurs begonnen werden. Rufen wir uns die bekannten Begriffe Vorhand, Mittelhand und Hinterhand des Pferdes in Erinnerung. Sie helfen bei der Orientierung, um eine bessere Führung und das damit verbundene Geraderichten an der Longe zu erarbeiten.
Wir beginnen damit, die Schultern des Pferdes beweglicher zu machen, die Vorhand auf Longenabstand zu kontrollieren sowie in die gewünschten Richtungen zu weisen.

01

02

03

04

01 Ihr Pferd folgt Ihnen in der gleichen Spur hinterher.

02 Kündigen Sie den Spurwechsel mit dem gestreckten Arm an und zeigen Sie die Richtung an.

03 Ihre Gerte zeigt dabei zur Schulter und schickt die Vorhand in die Zweitspur.

04 Nach einigen Metern können Sie sich mit Ihrem Körper in die Laufrichtung drehen …

05 … und zurück in die Longenposition gelangen.

05

01

02

01 Laden Sie das Pferd beim Longieren ein, sich zu Ihnen zu wenden.

02 Es folgt ein Stopp auf Distanz, sobald Ihr Pferd Sie mit beiden Augen ansieht und Ihnen zugewandt ist.

03 Achten Sie darauf, dass sich die neue äußere Schulter (im Bild die rechte Schulter) mitsamt Vorderbein in die Zirkellinie hinein öffnet. Zeigen Sie dazu wieder mit Ihrem Arm in die neue Richtung und setzen Sie die Gerte zur Führung der Schulter ein.

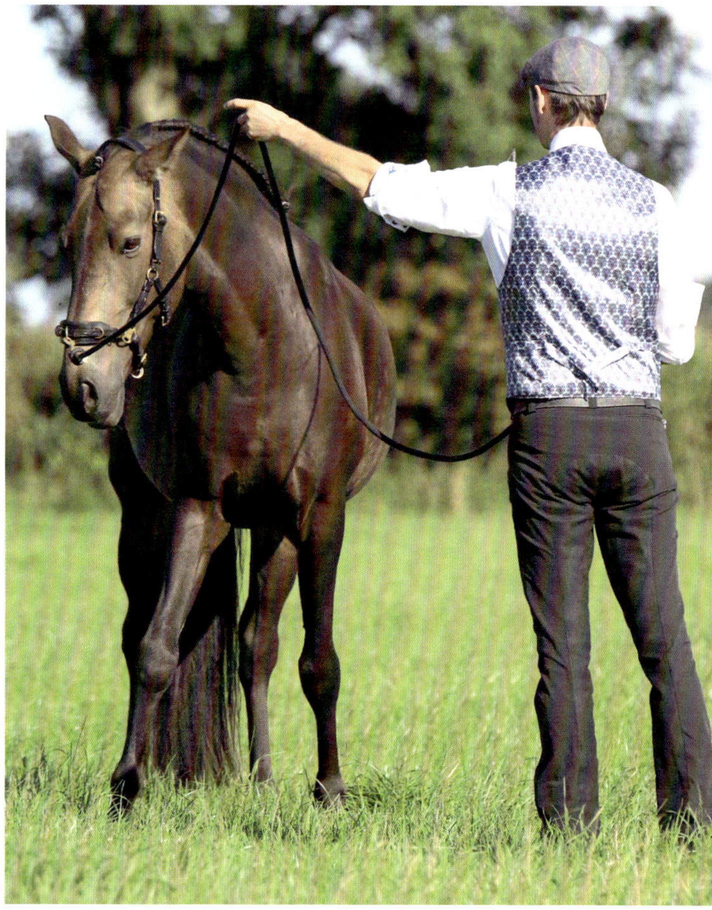

03

Kräftigung der Hinterhand, Aufwölben der Oberlinie, Geschmeidigkeit in den Gelenken und vieles mehr wird durch das fortgeschrittene Longieren ermöglicht.

SCHULTERFÜHRUNG

Zu Beginn ist es wichtig, dass beide Schultern der Vorhand jederzeit in eine bestimmte Richtung geschickt werden können und damit eine Richtungsbestimmung erfolgt. Ein geeignetes Mittel dazu ist der Handwechsel.

Ich empfehle eine Vorübung: Lassen Sie Ihr Pferd in der folgenden Position vor sich herlaufen – am Anfang ohne Stellung und Biegung. Nun geht es darum, das Pferd in eine Art „Zweitspur" neben Ihrer eigenen Laufspur zu führen. Gelingt das, dann wird die Zweitspur für mehrere Meter eingehalten. Erst dann drehen Sie sich mit Ihrem Körper wieder in Laufrichtung, um so fließend in die Longierposition zu gelangen. Das ist eine ideale Übung für geschmeidige Handwechsel, die in allen Gangarten beim fortgeschrittenen Longieren stattfinden können.

Ist diese Lektion sicher abrufbar, können Sie sich dem Handwechsel mit Schulteröffnung in die neue Richtung hinein widmen. Hier wird zunächst die äußere Schulter nach innen in Richtung Longeur gerichtet. Dabei wendet sich das Pferd mit seinem Kopf der Mitte zu und schaut mit beiden Augen den Ausbilder an der Longe an. In diesem Augenblick befinden sich beide Schultern gleichmäßig vor dem Ausbilder und können in die gewünschte Richtung geführt werden.

Nachdem durch die äußere Schulter die Wendung eingeleitet wurde, kann nun die neue innere Schulter in die neue Bewegungsrichtung geführt werden. Sie trägt dazu bei, den Zirkel auf der anderen Hand auszuführen. Die Schulung der Schulterführung ermöglicht gleichzeitig ein verbessertes Ausrichten der Vorhand auf der Kreislinie. So wird das Pferd in der Findung der eigenen Balance unterstützt.

AKTIVIERUNG DER HINTERHAND

Die Mittelhand des Pferdes wurde bereits ausführlich in der Basis-Bodenarbeit gearbeitet und hat genügend Biegsamkeit erhalten. Ein wichtiger Schlüssel zum erfolgreichen fortgeschrittenen Longieren ist die Hinterhand! Sie bildet den Motor jeglicher Vorwärtsbewegung und ist somit auch an der Entwicklung von Schwung- und Tragkraft von besonderer Bedeutung. Aufgrund ihrer Wichtigkeit muss ein besonderer Fokus auf sie gerichtet werden.

Da bei der Zirkelarbeit immer gewisse Fliehkräfte eine Rolle spielen, sollte die Kontrolle der Hinterhand sicher gelingen, um beispielsweise ein Herausfallen aus der Kreislinie zu vermeiden. Ein aktives Hereinführen der Kruppe über die äußeren Hilfen und das damit verbundene Ansprechen des äußeren Hinterbeines ist dafür notwendig.

01

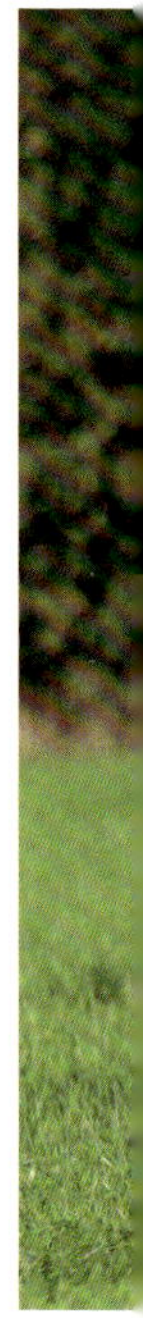

02

SEITENGÄNGE AN DER LONGE

Durch das Ansprechen der einzelnen Körperbereiche ist jeder Seitengang bei der fortgeschrittenen Longenarbeit ausführbar. Es stellt sich nun eher die Frage, welche Seitengänge wirklich sinnvoll sind. Diese Frage können Sie sich zum jetzigen Zeitpunkt schon selbst beantworten, denn beim Longieren verändern wir die Position zum Pferd vorerst nicht. Der Mensch steht immer auf der Innenseite seines Pferdes. Daraus ergibt sich eine Biegungsrichtung um den Longeur herum. Denken wir nun zurück zu unseren entwickelten Seitengängen in der Basisarbeit, so wird schnell klar, dass ein Schulterherein sowie Kruppeherein bezogen auf die Biegungsrichtung kein Problem darstellt. Eine Traversale wird aufgrund der fehlenden Diagonale nicht möglich, ist aber in Form eines „Zirkel verkleinern" im Travers gut zu trainieren. Somit wird nur dem Renvers beim fortgeschrittenen Longieren keine Möglichkeit geboten. Es wäre an der Longe ausführbar, bringt aber mehr Verwirrung als Vorteile. Daher lassen wir es hier aus und bringen es bei der Handarbeit und dem Crossover wieder zum Einsatz.

SCHULTERHEREIN

Wie immer ist es besonders das Schulterherein, welches eine Herausforderung für Mensch und Pferd darstellt. Nur zu schnell kann sich ein Missverständnis entwickeln und ein reines Ausweichen von der Zirkellinie entstehen. Das Einhalten einer einheitlichen Zirkellinie ist auch beim Schulterherein entscheidend, weil ansonsten die Wirkung verloren geht.
Zur Sicherung der Bewegungsrichtung verändern Sie die Position zum Pferd etwas nach hinten in Richtung Hinterhand. Dabei gehen Sie nicht auf die Hinterhand zu, sondern lassen sich nur zurückfallen. Sie öffnen damit für die Vorhand die Tür leicht nach innen, damit zum einen die Linie gehalten werden kann und zum anderen die Schulter hereinkommen darf. Das Ziel ist ein von innen nach außen schwingendes inneres Hinterbein. Stellen Sie eine Vorwärts-seitwärts-Bewegung in Richtung Schwerpunkt sicher.

KRUPPEHEREIN

Das Kruppeherein wird zum jetzigen Zeitpunkt der Ausbildung eher leicht erscheinen, zumal es vielen Pferden gefällt und gut ausführbar ist. Natürlich können sich auch hier kleine Fehler

01 Fangen Sie zunächst wieder an, die Seitengänge in der Longenposition abzurufen, ohne großen Abstand.

02 Um das Schulterherein an der Longe zu entwickeln, empfiehlt es sich, den Zirkel zu verlassen und einige Meter geradeaus zu arbeiten.

und Herausforderungen entwickeln, die Sie aber bestimmt meistern werden.
Eine Herausforderung ist die Kontrolle der äußeren Schulter, um das Gleichgewicht während der Übung zu bewahren. Fällt die Hinterhand unkontrolliert nach innen herein, so wird sich im Umkehrschluss die Vorhand deutlich entfernen. Wir verlieren die Arbeitslinie und es entsteht ein starker Zug auf der Longe. Widerstände und Verspannungen sind die Folge. Es ist dann dringend notwendig, über die äußere verwahrende Hilfengebung einzuwirken, um eine Kontrolle über die Ausrichtung der Vorderbeine zu bekommen. Während wir bei der Basisarbeit mittels einer direkten Berührung über den Rücken des Pferdes arbeiten können, wird es beim Longieren nicht mehr möglich sein. Somit muss ein optisches Ausrichten der Gerte genügen, um eine Reaktion zu erhalten. Sie merken es: Wieder einmal wird die Wichtigkeit eines Fundaments deutlich. Nur eine gefestigte Basis vermag hier weitere Ausbildungsschritte zu entwickeln.

03

03 Kraft, Koordination und Geschmeidigkeit sind nur einige Punkte, um die es beim Longieren geht.

HANDARBEIT
— *Vielseitige Gymnastizierung*

GRUNDLAGEN ÜBEN

Was ist Handarbeit? Einfach übersetzt: Kombiniert man Spaß und Abwechslung mit sinnvoller Gymnastizierung am Boden, so landet man bei der Handarbeit. Das Pferd lernt bei dieser Arbeit, zur Hand des Menschen zu suchen. Dabei kommt das Hilfsmittel Gebiss erstmalig zum Einsatz – zumindest dann, wenn man mit Gebiss ausbilden möchte! Über den Zügel wird ein Kontakt zum Pferdemaul möglich, durch den nun eine richtige Anlehnung entstehen kann. Dies grenzt die Handarbeit von der Basis-Bodenarbeit am Kappzaum oder dem Longieren deutlich ab.
Ein aufwendiges zusätzliches Equipment ist nicht erforderlich, um eine effektive Handarbeit auszuführen: Einen Zaum mit dem jeweils bevorzugten Gebiss oder eine andere (gebisslose) Zäumung, die beispielsweise beim Reiten verwendet wird, Zügel und eine Gerte sind für diese Arbeit vollkommen ausreichend.

GUT VORBEREITET

Und es wird noch einfacher! Auch das richtige Positionieren bei der Handarbeit wird kein Problem sein. Führarbeit, Formarbeit am Kappzaum und das Longieren bilden eine hervorragende Vorbereitung, um nahtlos in die Handarbeit überzugehen. Somit haben wir eine weitere Methode, um das Pferd am Boden zu gymnastizieren. Die Arbeit an der Hand wird als eigenständiges Ausbildungssystem angesehen, mit dem bis zur Hohen Schule ausgebildet werden kann. Die Handarbeit in Kombination mit den vorangegangenen Methoden der Bodenarbeit ermöglicht eine Ausbildung, ohne jemals auf dem Rücken des Pferdes gesessen zu haben. Von der jungen Remonte in Richtung alte Remonte bis hin zum Schulpferd der Hohen Schule sind alle Stufen der Ausbildung möglich.

MERKE
Durch das Verwenden eines Zügels ist eine Anlehnung ähnlich wie beim Reiten möglich. Der Begriff „Handarbeit" lässt sich davon ableiten, dass zur Hand des Ausbilders gearbeitet wird.

POSITIONIEREN

Aber zuerst benötigen wir ein wenig Praxis, bevor es mit den Hohen Schulen losgehen kann – Übung macht den Meister! Das gilt ebenso bei der Handarbeit. Auch wenn die Kommunikation und die Hilfengebung zum jetzigen Zeitpunkt keine großen Schwierigkeiten mehr bereiten, so müssen doch die neuen „Handgriffe" der Handarbeit erst einmal in Fleisch und Blut übergehen.
Geführt wird zu Beginn in der Partnerposition seitlich neben dem Pferd, wie wir es bereits aus den Führpositionen 1 und 3 kennen. Durch das Fassen der Zügel wird der Bewegungsspielraum zwischen Mensch und Pferd stark eingeschränkt. Daran müssen wir uns zunächst etwas gewöhnen, um Verspannungen bei beiden Parteien zu vermeiden.
In der anfänglichen Handarbeit werden alle Übungen sowohl von der rechten als auch von der linken Seite erarbeitet. Damit ist nicht der klassische Handwechsel des Pferdes gemeint, sondern die Position des Bodenarbeiters zum Pferd. So wird verhindert, dass das Pferd auf der „Schokoladen-

Bei der Handarbeit kann der Zügel in unterschiedlichen Formen aufgenommen werden.

seite" des Menschen mehr gymnastiziert wird. Handarbeit hat das Geraderichten eines Pferdes zum Ziel. Bei der fortgeschrittenen Handarbeit kann ganzheitlich auf den gesamten Körper eingewirkt werden, ohne dabei zwangsläufig die Grundposition zum Pferd zu verändern.

TRAININGSTIPP

Am besten starten Sie auf der linken Hand. Den meisten Menschen fällt es tatsächlich leichter, sich auf der linken Hand mit dem neuen Körperbewusstsein zu beschäftigen.

DIE HILFENGEBUNG

Als Beispiel wird auf der linken Hand gearbeitet: Ihre linke Hand fasst den linken Zügel etwas unterhalb vom Gebiss. Fassen Sie nicht direkt in den Gebissring (sofern mit Gebiss gearbeitet wird), so haben Ausbilder und Pferd mehr Bewegungsspielraum. Die linke Hand wird zur Führhand. Die rechte Hand fasst den äußeren Zügel zusammen mit der Gerte. Der Bauchnabel wird auf das Pferd gerichtet, solange Sie noch im Stand alles sortieren. Sobald Sie sich mit dem Pferd bewegen möchten, drehen Sie Bauchnabel und Blick in Bewegungsrichtung. Die Gerte wird anders als bei der Frontposition und dem Longieren gehalten: Für ein besseres Handling greifen Sie nicht mehr unter die Gerte, sondern seitlich, damit der äußere Zügel besser und störungsfrei in der rechten Hand liegt. Damit zeigt die Gerte entlang der Schulter nach unten zum Vorderbein.

Warum ist es zu Beginn wichtig, nicht direkt ins Gebiss zu fassen? Vielleicht erinnern Sie sich noch daran, wie viel Zeit es bei der Sitzschulung gekostet hat, bis Ihre Hand beim Reiten völlig unabhängig und ruhig war – eine Voraussetzung dafür, dass keine ungewollten Paraden und Signale in den empfindlichen Maulbereich gesendet wurden. Das Gleiche gilt für die Handarbeit! Zunächst geht es um die Ausbildung der eigenen Fähigkeiten. Aus diesem Grund wird der Zügel erst einmal nur locker gegriffen, ohne Anspruch auf Anlehnung. Denn eins haben wir bereits gelernt: Form entsteht nicht allein durch eine aktive Hand, sondern immer nur im Zusammenspiel aller Hilfen.

Auf los geht's los! Die rechte Hand greift in den äußeren Zügel und nimmt ihn über den Mähnenkamm nach links. Dabei wird die Gerte zusätzlich in der rechten Hand geführt. Damit übernimmt die Hand alle Funktionen des äußeren Zügels und kann gleichzeitig mit Hilfe der Gerte die bereits ausgebildeten Schenkelhilfen ersetzen. Die rechte Hand wird somit unterhalb des inneren Widerristes geführt. Sie arbeiten also komplett auf der linken Seite. Beachten muss man dabei, dass die Gerte so gehalten wird, dass sie in alle Richtungen gedreht werden kann. Es sollte eine handliche, leichte Gerte genutzt werden, damit Sie nicht versehentlich das Pferd stören.

ANGEHEN UND ANHALTEN

Haben Sie sich in dieser Grundposition zum Pferd aufgestellt und vor allem alles sortiert, kann es losgehen. Um dem Pferd ein Angehen zu signalisieren, wird Bewegung im eigenen Körper notwendig sein. Die Stimme verhilft ebenfalls zum aktiven Loslaufen. Die Gerte wird durch ein leichtes Drehen aus dem Handgelenk in Richtung Hinterhand positioniert, ohne dass Sie dabei den äußeren Zügel zurückziehen. Der äußere Zügel kann für den Moment des Angehens auch losgelassen werden, damit die Gerte problemlos in eine treibende Position zeigen kann. Dabei streckt sich der rechte Arm nach hinten, aber lehnen Sie den den Oberkörper nicht zurück. Denken Sie dabei immer an Ihre Führarbeit, die bereits ein problemloses Angehen sichergestellt hat!

MIT DER ENERGIE SPIELEN

Beim Angehen muss der eigene Körper mehr Energie aufbringen, damit das Pferd antritt. Das ist vergleichbar dem Moment, in demSie Ihr morgendliches Jogging startet. Keine Sorge! Sie brauchen sich für die Handarbeit keine Laufschuhe zu besorgen und jeden Morgen joggen zu gehen (es würde allerdings auch nicht schaden ...). Es geht mehr um Ihre Absicht, die beim Angehen vermittelt wird. Ein zu unsicheres Loslaufen würde Ihr Pferd falsch deuten und verwirren. Ihre richtig eingesetzte Energie wird das Pferd auffordern, anzugehen. Wenn das gewünschte Tempo erreicht ist, wird die Grundposition wieder eingenommen. Wir gehen also mit möglichst gerader Schulterhaltung und aufgerichtetem Körper mit Drehung in die Bewegungsrichtung.

Die Gerte wird nach erfolgreichem Angehen in Schulterhöhe nach unten zeigen und passiv bleiben. Ein Nachtreiben erfolgt wie beim Angehen, sobald das gewünschte Tempo verloren geht. Zum Anhalten wird die Energie heruntergefahren, die linke Schulter, also die führende Schulter, leicht Richtung Pferdekopf gedreht und Sie bleiben stehen – in diesem Augenblick stehen Sie fast rückwärts zur vorherigen Bewegungsrichtung. Damit verändern Sie deutlich die Körpersprache und vermeiden ein Ziehen mit der Hand. Im Augenblick des Eindrehens der Schulter können

Sie einen Schritt nach vorn machen. Damit soll verhindert werden, dass das Pferd ins Gebiss läuft. Zusätzlich hilft es, die Gerte vor die Brust des Pferdes zu heben, dazu kommt der Einsatz eines gewohnten Stimmkommandos zum Halten.
Das Stop & Go verhält sich wie bereits im Führtraining beschrieben. Sie sollten sich allerdings bewusstmachen, dass durch die Handarbeitsposition eine vermehrte Energie auf das Pferd übertragen wird. Wir stehen in einer Erwartungshaltung und in aller Regel herrschen die treibenden Hilfen bei der Handarbeitshaltung vor. Auch dürfen Sie nicht vergessen, dass die Verwendung eines Gebisses ebenfalls stärkere Einwirkungen hervorrufen kann.

MERKE
Die Handarbeit wird in allen drei Grundgangarten ausgeführt. Das setzt eine komfortable Laufposition beim Menschen voraus. Kommt Routine in Ihre Arbeit, sollten Sie auf ein Drehen beim Anhalten verzichten. Werden Sie in gewisser Weise zum Synchronschwimmer und verschmelzen Sie mit den Bewegungen Ihres Pferdes. Ein gemeinsames Bewegen ohne große Umstände ist das Ziel und notwendige Voraussetzung für eine ganzheitliche Ausbildung in der Handarbeit. Spätestens bei der Trab- und Galopparbeit wissen Sie, was ich meine!

Als Handarbeiter stehen Sie optimal, um alle Körperpartien am Pferd zu erreichen.

Zum Wenden von außen empfiehlt es sich …

… die Position mehr vorn am Kopf einzunehmen.

PRÄZISE FÜHREN

Nun geht es an das präzise Führen. Orientierungspunkte sind hier wichtig! Suchen Sie sich zwei Punkte der Reitbahn, an denen Sie anhalten und wieder angehen. Auf diesem Weg nehmen Sie dann nach und nach mehr Haltepunkte hinzu. So steigert sich die Anforderung durch die wiederholten Übergänge langsam. Zunächst geht es nur darum, den besten Moment zu finden, in dem ein Anhalten oder Angehen passend wäre. Klappt das ohne Verspannungen und Missverständnisse, konzentrieren Sie sich darauf, korrekt an den Markierungen anzuhalten.

Eine nächste wichtige Übung besteht darin, das Pferd in die gewünschte Bewegungsrichtung zu führen, ohne es durch den Zügel dorthin zu ziehen. Schlangenlinien durch die Bahn eignen sich hierfür besonders, denn dabei wird nicht nur die Bewegungsrichtung geändert, sondern Sie üben auch, das Pferd von innen und von außen zu führen. Beginnen Sie mit drei Bögen durch die Bahn. Ihr Körper muss sich jeweils in die neue Bewegungsrichtung drehen: Möchten Sie Ihr Pferd auf der linken Seite führen und nach links abwenden, wird sich Ihr Körper ebenfalls nach links drehen. Eine wichtige Hilfe ist dabei der angelegte Zügel zur Führung der Schulter: Legen Sie den äußeren Zügel zur Einleitung der Wendung an den Hals, um das Pferd von der äußeren Schulter in die Wendung zu führen. Hier ist Vorsicht geboten, der äußere Zügel darf keinen Zug auf das Pferdemaul auswirken. Sonst zieht er das Pferd rückwärts und bewirkt das Gegenteil.

Nach der Wendung nach links nehmen Sie wieder die Grundposition zum Pferd ein und gehen geradeaus auf die nächsten Punkte der Schlangenlinie zu. Kurz bevor Sie dort ankommen, leiten Sie die Wendung nach rechts ein und beginnen damit die nächste Schlangenlinie weg von Ihnen. Wollen Sie auf der Seite abwenden, auf der Sie nicht führen, muss die eigene Position etwas verändert werden: Sie schreiten vermehrt auf Kopfhöhe des Pferdes. Andernfalls laufen Sie Gefahr, hinter die Bewegung zu kommen, weil der Mensch bei dieser Wendung den längeren Weg hat. In dem Moment, in dem Sie rechts abwenden möchten, gehen Sie vor in Richtung Pferdekopf

Haben Sie ein klares Bild vor Augen, was Sie wollen, um Koordination und Timing zu verbessern.

und drehen sich in die neue Bewegungsrichtung. Der neue innere Zügel kann dabei verkürzt werden, um in die Bewegungsrichtung zu führen. Kommen Schwierigkeiten auf, das Pferd von sich wegzuwenden, können Sie die führende Hand an die Wange des Pferdes legen und mit leichtem Druck die neue Bewegungsrichtung anzeigen. Dazu muss der Zügel länger oder losgelassen werden. Nach der Wendung nehmen Sie wieder die Grundposition ein, um dem Pferd zu signalisieren, dass es geradeaus geht.

DIE ÄUSSERE SCHULTER

Wenn Schlangenlinien kein Problem mehr sind, können beliebig viele Bögen durch die Bahn erarbeiten werden. Ab jetzt sollte vermehrt darauf geachtet werden, dass das Pferd sich bei jeder Wendung in die Bewegungsrichtung korrekt stellt und nicht in Außenstellung in einen Bogen geführt wird. Dazu nehmen Sie den führenden Zügel, also bei der Rechtswendung den rechten und bei der Linkswendung den linken, immer etwas kürzer. Es wird also wie beim Reiten ein Anpassen der Zügellänge notwendig. Die Gerte wird auch bei der Handarbeit den fehlenden Reiterschenkel ersetzen und kann somit aktiv auf die Längsbiegung einwirken. Wurde das vom Pferd verstanden, kann man feine Signale zum Gebiss senden und auf die korrekte Hilfe hin wird sich das Pferd im Genick korrekt stellen, abkauen und den Unterkiefer lösen. Um Koordination und Timing zu verbessern, sollten viele Bahnfiguren erarbeitet werden. Denken Sie immer daran, dass Sie Ihre Übungen bald im Galopp durch die Bahn machen möchten, dann bleibt nicht mehr viel Zeit für langes Überlegen und Sortieren der Hilfen! Pferde spüren Unsicherheiten und ergreifen dann schon mal die Initiative.

*»Wenn man weiß,
was man tut,
kann man tun,
was man will.«*

Dr. Moshe Feldenkrais

DAS VERTRAUENSVOLLE SUCHEN ZUR HAND

Durch die Biegearbeit am Kappzaum und das Longieren können wir unser Pferd auch bei der Handarbeit in Stellung und Biegung in allen drei Grundgangarten gymnastizieren. Dennoch kann nicht von heute auf morgen mit den fliegenden Wechseln an der Hand begonnen werden. Wie immer geht es nun darum, die jeweilige Hilfen-Kombination, die bereits ausgebildet wurde, bei der Handarbeit abzurufen.

Für ein besseres Verständnis sollten Sie wieder im Stehen beginnen, denn so müssen Sie nicht auf das Tempo oder die Bewegungsrichtung achten. Starten Sie in aller Ruhe mit lösenden Übungen, so erhalten Sie ein direktes Feedback des Pferdes, ob die bekannten Hilfen trotz veränderter Methodik ausführbar sind. In der Regel stellt das keine großen Herausforderungen dar, aber bekanntlich bestätigt die Ausnahme die Regel!

Schnallen wir dem Kappzaum ein Gebiss ein, so muss sofort eine Erklärung für das Pferd folgen. Kennt Ihr Pferd das Gebiss bereits vom Reiten, wird es auch in der Bodenarbeit korrekt reagieren. Lösende Impulse werden in der Handarbeit genau wie beim Reiten vom inneren oder äußeren Zügel vermittelt. Das Pferd sollte mit dem Kopf nach links oder rechts folgen, ohne sich im Genick zu verwerfen oder Gegendruck zu leisten. Zunächst überprüfen Sie, ob die reine Zügeleinwirkung bereits eine Nachgiebigkeit hervorruft. Danach ergänzen Sie die Schenkelhilfe zu den Zügelimpulsen.

Bei der Handarbeit können Sie unter Beibehaltung der Position sowohl nach links als auch nach rechts stellen und biegen. Wir erinnern uns an die Erklärung der verschiedenen Biegungsrichtungen. Die Handarbeit ermöglicht es Ihnen nun, beide Richtungen auszuführen und bietet damit ein größeres Spektrum von der seitlichen Partnerposition aus, weil Sie anschließend in der Bewegung nicht vor, sondern neben dem Pferd gehen. Möchten Sie Ihr Pferd im Stand von sich weg biegen, wird auch eine Schenkelhilfe notwendig. Dabei wird die Gerte über den Rücken gehoben und zeigt in Richtung Gurtlage. Innerer Zügel und Schenkel wirken somit gleichzeitig ein und können trotz Ihrer Außenposition eine Unterstützung bieten. Weiterführend können alle möglichen Bahnfiguren mit dem Pferd erarbeitet werden. Um Abwechslung in die Sache zu bringen, wechseln Sie stetig zwischen gerader Kopf-Hals-Position in Dehnungshaltung sowie Stellung oder Biegung zum Menschen hin oder von ihm weg. Dabei trainiert das Pferd spielerisch die Beweglichkeit sowie die Hals- und Rückenmuskeln – wichtige Punkte für eine harmonische Zusammenarbeit am Boden. Selbstverständlich helfen all diese Verbesserungen auch für die gerittene Arbeit. Nebenbei lockert sich das Pferd bei der Handarbeit sehr gut und lernt, besser in der Balance zu gehen. Der Mensch am Boden lernt, sich

Eine Hand greift den inneren Zügel nah am Zaumzeug.

Die andere Hand greift den äußeren Zügel.

HILFENGEBUNG IN DER HANDARBEIT

Die Körpersprache in der Handarbeit kann mit dem Reitersitz verglichen werden: Die Gertenhilfe dient vorzugsweise als Schenkelhilfe, indem sie in der späteren entsprechenden Schenkelposition angelegt wird. Die Gerte dient auch als schulterführende Zügelhilfe.

Die Zügelhilfe in der Handarbeit bleibt die bereits bekannte Zügelhilfe, allerdings mit dem Unterschied, dass die Zügelhände auf einer anderen Position als beim Reiten geführt werden.

Die Gewichtshilfe kann im übertragenen Sinne auch durch die Gerte signalisiert werden, sollte jedoch in den Anfängen nicht zum Thema werden.

zu koordinieren, weil verschiedene Hilfen in Einklang gebracht werden müssen. Sie schulen maßgeblich das Gefühl für den eigenen Körper und die Bewegungen des Pferdes. Das sind alles gute Gründe, die für die Handarbeit sprechen.

Wie bei jeglicher bewegenden Arbeit gilt es auch in der Handarbeit, die Hinterhand in Richtung Schwerpunkt zu arbeiten. Die Logik hinter der Biegung, die biomechanischen Zusammenhänge einer korrekten Stellung und die dazu passende Hilfengebung haben wir in den ersten Kapiteln geklärt. Nun geht es vorwiegend um das Trainieren und Zusammenfügen der einzelnen Bausteine. Wie bei einem guten Kochrezept werden alle Zutaten nach und nach zurechtgelegt.

Die Gerte wird in die Hand genommen, die den äußeren Zügel hält

DIE ZÜGELFÜHRUNG

Die Handarbeit zeichnet sich durch das Verwenden eines Zügels aus. Kommen Zügel ins Spiel, wird zwangsläufig die Art der Zügelaufnahme wichtig. Um sich näher mit der Technik der Zügelführung zu beschäftigen, müssen Sie zunächst einmal entscheiden, wie viele Zügel bei Ihrer Handarbeit zum Einsatz kommen. Ja, ganz richtig verstanden! Denken wir an das Reiten, so kann ein Pferd beispielsweise mit einem Trensenzaum und einem Paar Zügel geritten werden. Bei fortschreitender Ausbildung kommt eine Kandare dazu und es wird ein zweites Paar Zügel notwendig. Weitere übliche Varianten sind die Kombination aus Kappzaum und Gebiss oder ein gebissloser Zaum, mit zwei unterschiedlichen Einwirkungsmöglichkeiten, bei dem ein zweites Paar Zügel notwendig wird. Sie sehen also, die Frage nach der Anzahl der Zügel und der richtigen Zügelführung ist berechtigt.

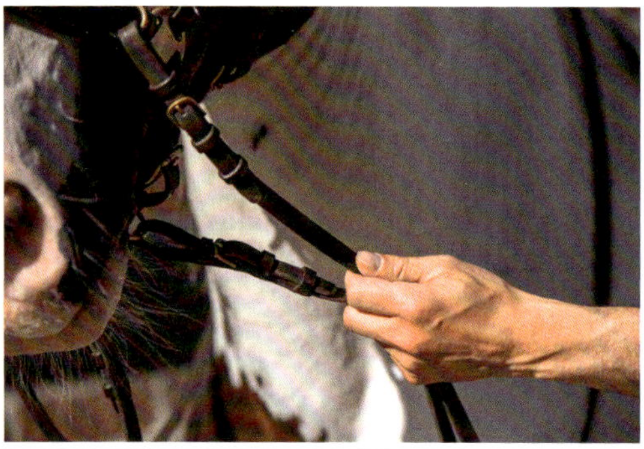

Zwei Zügel mit Zeigefinger teilen

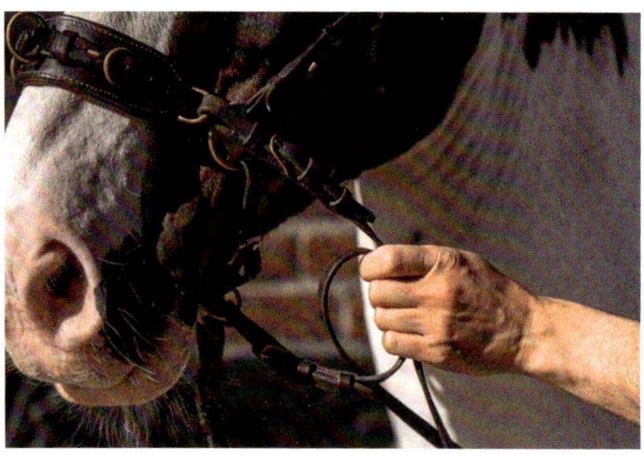

Die Fillis-Führung

Einhändige Zügelführung

Zügelführung bei einem Paar Zügel:

- Die führende Hand umschließt von unten den Zügel oder greift diesen zwischen Daumen und Zeigefinger.
- Der äußere Zügel wird ebenfalls von unten gegriffen, dabei zeigt der Handrücken in Richtung Schulterblatt des Pferdes.

Zügelführung bei zwei Paar Zügeln:

- Eine Variante ist die „Fillis"-Zügelführung. Dabei wird der Kandarenzügel von unten nach oben durch die Zügelfaust gegriffen, während der Trensenzügel von oben nach unten durch die Zügelfaust verläuft. Das Gleiche gilt bei einer Kombination wie beispielsweise dem Kappzaum und der Kandare oder vergleichbarer Zäumung.
- Es empfiehlt sich zu Anfang, die beiden Zügel nur durch den Zeigefinger zu unterteilen. Damit wird zunächst nur der lösend einwirkende Zügel durch den Daumen und Zeigefinger aktiv verwendet und der zweite Zügel wird nur mitgeführt.

Einhändige Zügelführung:

- Dabei werden alle Zügel (vorzugsweise ein Paar) in eine Hand genommen. Traditionellerweise werden die Zügel vom kleinen Finger geteilt: linker Zügel unter dem kleinen Finger und rechter Zügel unter dem Ringfinger. Die Hand des Ausbilders stellt sich dann wie beim Reiten über dem Widerrist auf. Diese Führung ist nur möglich, wenn das Größenverhältnis Mensch-Pferd es zulässt.

Zum Lösen im Stehen kann die Zügelhand auch in Reiterhand-Position gebracht werden. Die Zügel werden wie beim Reiten aufgenommen. Das ist vor allem bei kleineren Pferden eine mögliche Führungsvariante.

HARMONIE UND LEICHTIGKEIT

Inzwischen ist der Punkt erreicht, an dem Sie Ihr Pferd mithilfe der primären und sekundären Hilfen sicher führen können. Das Pferd ist durch die lösenden Impulse entspannt und arbeitet in der Folge motiviert mit. Es ist nun bereit für den nächsten Schritt! Harmonie und Leichtigkeit können an der Hand erarbeitet werden. Schritt für Schritt wurde eine spielerisch leichte Führung der Schulter erreicht, bei gleichbleibender Längsbiegung. Damit sind Sie auch hier bereit für die Seitengänge! Begonnen wird mit den vertrauten Handgriffen Richtung vorwärts-abwärts und Stellung-Biegung. Beachten Sie, dass das Pferd sich keine Stütze auf der Hand und somit auf der Schulter sucht oder sich an Sie anlehnt. Nur dann können Sie das Pferd zwischen den Zügeln führen. Wenn das garantiert werden kann, ist es möglich, sowohl auf gebogener als auch auf gerader Linie zu arbeiten. Dies ist eine Grundvoraussetzung für die Erarbeitung der Seitengänge.

TRAININGSTIPP

Die Lektion „Zirkel verkleinern und vergrößern" ist die ideale Übung für den Anfang, um alle wichtigen Handlungen für das Ausführen von Seitengängen zu überprüfen.

Punktgenaue Abstimmung der Hilfen lässt schwere Lektionen fast mühelos erscheinen. Aramis in der Levade!

AUF DEM ZIRKEL

Das Führen der Schulter beginnen Sie am besten im Schritt auf einem großen Zirkel. Zuerst führen Sie die Schulter leicht nach innen. Auf der linken Hand nehmen Sie dazu die eigene linke Schulter ein wenig nach hinten in Richtung Zirkelmitte, um eine Schulterausrichtung wie beim Wenden anzuzeigen. Vermutlich wird das Pferd Sie nicht sofort verstehen. Darum wird der äußere Zügel zur Hilfe genommen: Er wird sanft an den Hals angelegt, um das Pferd mit der Schulter nach innen zu führen. Jetzt gilt es, aufmerksam zu bleiben! Keinesfalls dürfen Sie am Zügel ziehen, denn das verdirbt die Stellung und das Pferd wird in die andere Richtung laufen. Nur das reine Anlegen der flachen Seite des Zügels kann und darf das Pferd zum Wenden animieren. Darum können Sie zur Unterstützung die Hand an die äußere Halsseite bzw. an den äußeren Widerrist legen, weil dieser in der Handarbeitshaltung gut zu erreichen ist. Sobald sich eine Gewichtsverlagerung und Richtungsänderung andeuten, lösen Sie den Zügel und die Hand vom Hals. Auch die Gerte kann helfen, den äußeren Zügel besser zu vermitteln, indem sie über den Widerrist zur äußeren Schulter platziert wird. So lernt das Pferd die Bedeutung dieser Hilfe.

Fehlerhaft ist, das Pferd am inneren Zügel nach innen zu ziehen. Der innere Zügel hat lediglich die Aufgabe, das Pferd locker zu halten. Übt der innere Zügel Druck aus, spannt sich die äußere Muskulatur an. Die falsche Hüfte wird nach vorn geholt und das Pferd zieht mit der Hinterhand nach außen!Sollte diese Übung Schwierigkeiten bereiten, fangen Sie doch einfach im Stehen an. Dabei wird nur eine leichte Schulterbewegung auf Sie zu oder von Ihnen weg verlangt.

Gelingt das Verkleinern des Zirkels, können Sie ihn wieder vergrößern. Anstelle des inneren Zügels legen Sie die innere Hand an den Hals und schieben die Halsung ein wenig von sich weg. Auch die Gerte kann vor dem Schulterblatt an den Hals gelegt werden, um das Pferd nach außen

zu führen. Den Zügel können Sie dabei nicht benutzen, weil dieser aufgrund der Zügelführung keinen direkten Kontakt zum Hals hat. Nur bei einer einhändigen Zügelhaltung am Boden wäre das möglich, um die Schulter zu führen.
Am Anfang reicht es, wenn Sie den Zirkel ungefähr vom ersten bis zum dritten Hufschlag fließend verkleinern und vergrößern. Nach und nach können Sie Ihren Zirkel spiralförmig immer weiter verkleinern, bis Sie auf einer kleinen Volte angelangt sind. Denken Sie an eine aufgestellte Pylone in der Mitte Ihres Zirkels zur besseren Orientierung.

SCHULTERFÜHRUNG AUF GERADER LINIE

Die nächste wichtige Übung, die Ihr Pferd leicht und geschmeidig machen wird, ist die Schulterführung auf der geraden Linie. Ziel ist es, dass das Pferd gebogen und gestellt geradeaus geht und dabei mit der Vorhand etwas nach links oder rechts versetzt zur Hinterhand fußt. Diese Übung stellt die Vorstufe für die Seitengänge dar.
Auf dem Zirkel haben Sie bisher geübt, die Schulter nach innen oder außen zu führen und das Pferd gleichzeitig auf einen kleineren oder größeren Zirkel abzuwenden, also die Linie der Bewegung zu verändern. Auf der Geraden trainieren Sie nur die Schulterführung ohne Abwenden.
Als Vorübung ist das Abwenden in eine Volte hilfreich. Dazu wählen Sie eine gerade Linie, am besten an der Bande entlang, und biegen das Pferd dort nach innen. Dann wenden Sie in eine Volte ab, indem Sie die Schulter wie auf dem Zirkel nach innen führen.
Bei der Volte kann dann von Mal zu Mal darauf geachtet werden, dass das Abwenden verzögert wird. So erarbeiten Sie sich langsam das Hereinnehmen der Schulter ohne Abwenden.
Wenn Sie an der Bande entlanggehen, können Sie gut sehen, ob die Übung gelungen ist. Wichtig ist: Die äußere Schulter muss sich von der Bande lösen und in Richtung Bahnmitte geleitet werden. Die Hilfen dafür sind die gleichen wie beim Zirkel verkleinern Sie müssen nur vermehrt darauf achten, dass der Rumpf des Pferdes nicht nach

MERKE
Echte Seitengänge zeichnen sich durch die Biegung aus. Ein Seitwärts ohne Biegung zählt nicht zu den richtig ausgeführten Seitengängen.

innen folgt. Beim Hereinführen der Schulter auf der Geraden sollte das Pferd mit der Vorhand auf dem zweiten oder zwischen dem ersten und zweiten Hufschlag laufen und mit der Hinterhand auf dem ersten. Man muss jedoch immer darauf achten, dass die Hinterhand nicht ausfällt und die Innenbiegung erhalten bleibt.

Durch Schulterführung mehr Balance gewinnen. Hier wird im Galopp die Schulter durch die Gerte geführt.

Wenn die punktgenaue Abstimmung der Hilfen beim Schulterherein-Führen gelingt, können Sie die Schulter wieder nach außen Richtung Bande führen und mit einer Abfolge aus Rein- und Rausführen beginnen. Mit dieser Übung ist das Schulterherein kein Problem mehr. Es fehlt nur noch ein Hinweis, um die „Mutter aller Seitengänge" auszuführen: Damit Ihr Pferd nach wenigen Schritten nicht immer wieder von der Bande abwendet, muss der innere Schenkel in Form Ihrer Gerte den inneren Hinterfuß geradeaus auf der Hufschlaglinie zum weiteren Vorwärtsschwingen animieren. Ohne die vorwärts-seitwärts treibende Hilfe wird es Ihrem Pferd nicht gelingen, mehrere Meter geradeaus im Schulterherein zu laufen. Vorsicht: Wenn Körpersprache und Wand „Enge signalisieren", kann daraus Spannung in Ihrem Pferd aufgebaut werden. Beim Rausführen der Schulter darf die Vorhand nicht gegen die Bande gepresst werden, sondern muss vielmehr zurück zur ursprünglichen Linie geleitet werden. Auch beim Seitwärtstreiben darf kein Quetschen und Pressen durch die Hilfen entstehen. Niemals darf man dem Tier das Gefühl des Zwangs oder Drucks bei einer Übung vermitteln, denn das verhindert Leichtigkeit und Harmonie und lässt Stress entstehen.

TRAININGSTIPP

Wenn etwas nicht so funktioniert, wie man es sich wünschen würde, sollten Sie nicht endlos in der Situation verharren oder den Druck erhöhen. Oft bewirkt eine kleine Pause dann Wunder. Hilfreich ist ebenfalls, zurück zur Vorübung zu gehen oder eine ganz andere Übung auszuführen, die gut gelingt und danach erst einen neuen Anlauf zu starten. Wichtig ist es, mit der Arbeit aufzuhören, wenn es sich leicht anfühlt, nicht erst, wenn das Pferd geistig oder körperlich ermüdet ist. Wenn beide Partner Freude an der Arbeit haben, kann sich im Laufe der Zeit aus der Handarbeit eine wunderbare Harmonie entwickeln.

Fitness für Mensch und Pferd durch Galopp an der Hand

Auch die versammelte Galopparbeit kann von der Handarbeit profitieren.

HANDARBEIT FÜR FORTGESCHRITTENE

Der Handarbeit sind keine Grenzen gesetzt! Auch versammelte Übungen finden hier Ihren Einsatz und können weiter ausgebaut werden. Es geht um die Verfeinerung der Schulübungen, welche alle einen gewissen Versammlungsgrad haben. Bevor wir dieses Ziel in Angriff nehmen, ist es sinnvoll, uns kurz zu verdeutlichen, was Versammlung eigentlich meint. In der Versammlung nimmt die Hinterhand vermehrt Last auf. Einfach ausgedrückt beugt das Pferd zunehmend Hüft-, Knie-, Sprung- und Fesselgelenke, es entsteht die sogenannte „Hankenbeugung". Das klingt wenig spektakulär, ist aber für das Pferd sehr anstrengend. Es fühlt sich dabei wahrscheinlich so ähnlich, wie sich der Mensch fühlen würde, müsste er mit gebeugten Knien und gebeugtem Becken langsam laufen. Dabei wären wir sicherlich auch sehr schnell am Ende unserer Kräfte angelangt. Nur wenige Menschen werden auf Anhieb eine ganze Runde um den Reitplatz schaffen.

*»Wenn man will,
was man kann,
kann man tun,
was man will«*

Bent Branderup

Eins werden mit dem Pferd in allen Gangarten: Lusitano-Hengst Xeique im versammelten Trab

XEIQUE

Xeique war einer meiner Lusitano-Hengste, den ich neben der Reitausbildung auch in der Handarbeit bis zur Hohen Schule ausgebildet habe. Er hatte einen aktiven Trab, der für die Handarbeit hervorragend geeignet war, und entwickelte daraus eine beeindruckende Passage. Doch auch der Galopp entwickelte sich stetig, bis Xeique in der Lage war, eine Schulgaloppade auf der Stelle zu zeigen und über längeren Zeitraum im Terre-à-Terre zu arbeiten. Das Terre-à-Terre ist eine Veredelung des Galopps, bei dem ein Zweitakt oder leicht versetzter Viertakt entsteht, eine fantastische Übung, die besonders die Muskulatur der Hinterhand festigt.

Xeique hat mich auf viele öffentliche Veranstaltungen begleitet, um den Zuschauern die Handarbeit in ihrer Vielfalt zu demonstrieren. Dabei habe ich mich besonders auf Übungsreihen im Trab und Galopp konzentriert. An eine Veranstaltung kann ich mich noch ausgesprochen gut erinnern, weil ich danach den Muskelkater meines Lebens hatte. Die Präsentation ging über 15 Minuten, allerdings kannte ich bis zum Auftritt die Reitplatz-Maße nicht. Es war ein gewaltiger Außenplatz mit 40 x 80 Metern. Da wir während unserer Auftrittszeit das Viereck nur für uns zur Verfügung hatten, musste die Zeit, aber vor allem auch der gesamte Platz genutzt und ausgefüllt werden. Besonders deshalb, weil das Publikum auf den Tribünen recht weit weg saß und ruhige Übungen im Schritt nicht von jeder Tribünenseite gut zu erkennen gewesen wären. Also entschied ich mich, die komplette Tour im Galopp zu machen, mit einigen Trabphasen und kurzen Unterbrechungen im Schritt. Eine Galopptraversale folgte der anderen und die Diagonale fühlte sich kilometerweit an. Vor lauter Adrenalin während der Aufführung habe ich die zurückgelegten Kilometer nicht realisiert. Doch ein jeder Tag neigt sich auch dem Abend zu, und am nächsten Morgen durfte ich bis dahin unbekannte Muskelgruppen in meinem Körper spüren … Ich empfehle jedem interessierten Bodenarbeiter, in den Genuss der Galopparbeit zu kommen, es muss ja nicht gleich ein Marathon werden.

VERSAMMLUNG ALS ZIEL

Es braucht gutes Training, um die Phasen der Versammlung lang zu halten. Deshalb die Forderung: „Nicht zu viel und zu lange auf einmal!“ Der Pferderücken muss während der gesamten Arbeit stets locker bleiben. Ist der lange Rückenmuskel verspannt, ist echte Versammlung von vornherein ausgeschlossen, da die „Übertragung“ blockiert ist. Die gegebenen Paraden bleiben sozusagen stecken. Der Kopf des Pferdes ist zwar in der gewünschten Position, aber Genick und der Rücken sind fest. Die Hinterhand wird sich nicht beugen, sondern nach hinten rausstellen.
Bei der Handarbeit sind alle Seitengänge und gymnastizierenden Lektionen sowohl von innen als auch von außen geführt möglich. Das macht die Handarbeit so faszinierend. Schulterherein, Kruppeherein, Traversalen, Renvers, Pirouetten und vieles mehr machen diese Bodenarbeit auf dem Weg zur Reitkunst komplett. Durch ein einheitliches Ausbildungskonzept können Sie alle Übungen ohne langatmiges Extra-Training nun ausführen. Der Grundstein wurde gelegt und die Hilfen sind ausgebildet. Es ist egal, ob Sie Ihre Übungen bei der Basis-Bodenarbeit, dem Longieren, in der Handarbeit oder beim Reiten ausführen. Ab jetzt heißt es nur noch: üben und zu einer Einheit verschmelzen!

KONDITIONSTRAINING

Dass Bodenarbeit auch ein ideales Fitness-Programm für den Besitzer eines Pferdes ist, wurde mir immer mehr klar, als ich mich intensiver mit der Galopparbeit beschäftigt habe. Auch das ist möglich, ohne auf dem Rücken des Pferdes zu sitzen! Je nach Problematik ist es manchmal sogar angenehmer, freiwillig mit beiden Füßen am Boden zu stehen, wenn der Galopp noch etwas zu spritzig ist. So kann man erst einmal in aller Ruhe die Galoppade festigen und diese dann entspannt im Sattel genießen.

TRAININGSTIPP

Versuchen Sie, im Trab und Galopp immer im Takt Ihres Pferdes zu sein. Das macht längere Strecken einfacher und gibt ein sehr harmonisches Gesamtbild.

ABWECHSLUNG IM TRAINING

Alles ist möglich – das bringt Abwechslung in den Trainingsalltag! Freie Variationen von Halt-Schritt und Trab oder Trab-Galopp und Schritt-Galopp machen Pferde wach und aufmerksam. Beim Traben an der Hand ist darauf zu achten, dass der Mensch zwar größere Schritte macht, aber auf keinen Fall hektisch neben seinem Pferd joggt. Das Pferd muss lernen, langsam und bei fortschreitender Ausbildung versammelt neben dem Menschen zu traben. Hier haben es kleine Menschen mit großen Pferden nicht immer einfach. Es wird eine höhere Geschwindigkeit als beim normalen Gehen notwendig sein, ähnlich wie beim „Walking“. Für den Galopp empfiehlt sich ein ruhiges Miteinander Galoppieren. Erinnern Sie sich zurück an die Sandkastenzeit: So ziemlich jedes pferdeverliebte Kind hat beim Spielen das Galoppieren geübt. Allerdings müssen Sie darauf achten, sehr ausbalanciert im Körper zu bleiben und vorwiegend mit den Beinen zu arbeiten. Hinterherziehen oder Schieben scheidet nicht nur aus ästhetischen Gründen aus. Vor dem übertriebenen Einsatz der Gerte kann ich nur warnen. In der weiteren Ausbildung des Pferdes benötigen wir an der Hinterhand zahlreiche Touchierpunkte, zum Beispiel für ein Absenken des Beckens, zur Aufforderung für mehr Hankenbeugung oder für die Anfänge des Diagonalisierens. Deshalb ist das ständige Touchieren mit der Gerte oder deren ziel- und planloser Einsatz nicht sinnvoll. Durch die Basisarbeit sollte die Kommunikation zwischen Mensch und Pferd so gut aufeinander abgestimmt sein, dass ein leichtes Anheben der Gerte oder ein vermehrtes Hereindrehen der treibenden Schulter zum Antreiben ausreicht. Es gilt, die Gerte als Hilfsmittel zu verstehen und nicht als Hilfsmotor zu verwenden!

DIE CROSSOVER-ARBEIT

—Harmonisches Zusammenspiel

FLIESSENDE ÜBERGÄNGE

Die Crossover-Arbeit ist noch recht jung. Ihre Entwicklungsgeschichte basiert auf den verschiedenen Methoden der Bodenarbeit, die in der Akademischen Reitkunst ihre Verwendung finden. Eine ganze Menge positiver Möglichkeiten hat das Crossover im Gepäck, bezogen auf die gymnastizierende Unterstützung des Pferdes – mit dem Ziel, in fließenden Übergängen aus allen Führpositionen in allen lösenden und versammelnden Übungen zu arbeiten.

Die einzelnen Methoden, die einen Crossover ausmachen, finden bereits über Jahrhunderte in der Pferdeausbildung ihren Einsatz. Nehmen wir zum Beispiel die Langzügelarbeit, die besonders in den großen Reitinstituten der Welt als besonderes Traditionsgut Anwendung findet. Das Crossover verbindet sie alle und schafft eine weitere spannende Möglichkeit, am Boden zu arbeiten. Übersetzen wir den Begriff „Crossover" in die deutsche Sprache, erhalten wir das Wort „Überquerung". Das trifft den Kern dieser Methode gut. Die Crossover-Arbeit ermöglicht dem Ausbilder fließende und harmonische Wechsel/Überquerungen innerhalb der einzelnen Führpositionen mit dem Ziel, diese zum Schluss wieder miteinander zu verbinden. Beispielsweise könnte der Bodenarbeiter während der Arbeit an der Longe einen direkten Wechsel in die Langzügelarbeit

Durch das Crossover kann jede Führposition fließend erreicht werden.

Sei es neben dem inneren Hinterbein …

ausführen. Dies kann ohne aufwendiges Umrüsten von Zaumzeug und Zügel erfolgen, man muss lediglich die Distanz zwischen der vorangegangenen Position und der Hinterhand des Pferdes „überqueren“. Gelingt das fließend, kann man das Pferd in der Langzügelposition weiterarbeiten. Die Art der Überquerung ermöglicht es dem Ausbilder, zur richtigen Zeit auf der richtigen Position zu stehen, um sein Pferd zu unterstützen. Bereits jetzt möchte ich erwähnen, dass während der Crossover-Arbeit nur eine Longe oder ein Zügel benötigt wird. Ein zweiter Zügel, wie er bei der klassischen Langzügelarbeit verwendet wird, ist nicht notwendig.
Durch das Verwenden eines langen Zügels oder einer Longe kann sich der Ausbilder freier bewegen. Er kann aus der Longen-Grundposition herauslaufen, um eine andere Führposition zu wählen. Somit entsteht durch das Longieren die Möglichkeit, den Crossover mit all seinen Facetten zu erarbeiten! Longieren auf fortgeschrittenem Niveau ist dabei vorausgesetzt.

Rückblickend haben wir uns im Kapitel Führpositionen bereits intensiv mit den ersten wichtigen Schritten des Crossovers beschäftigt. Das erfolgte ganz ohne Bezug auf diese Art der Arbeit. Das harmonische Wechseln der einzelnen Führpositionen ist die wichtigste Grundlage, um eine zielorientierte Crossover-Arbeit auszuführen. Nach dem Motto „Einer für alle und alle für einen“ ergeben alle Führpositionen in Summe eine Crossover-Arbeit.

AUSRÜSTUNG

Für die Crossover-Arbeit eignet sich im Grunde genommen das gleiche Zubehör wie für die Longenarbeit. Deutlich zu empfehlen ist ein Kappzaum mit verschiedenen Einwirkungsmöglichkeiten. Die Ringe am Nasenriemen ermöglichen den klassischen Kappzaumeffekt. Durch die Einwirkung am Nasenrücken erfolgt ein Impuls, der vom Genick über die Wirbelsäule bis zur

... oder hinter dem Schweif.

Sogar außen neben dem Pferd können Sie sich platzieren.

Der fehlende zweite Langzügel wird durch die Gerte ersetzt.

Hinterhand des Pferdes läuft. Eine weitere Funktion ist im Halfterring zu sehen, der mittig am Kinnriemen befestigt ist. Durch diesen Ring wird dem Ausbilder die Möglichkeit geboten, einen weiteren Kontaktpunkt für die Longe zu erhalten, über den kommuniziert werden kann.

UNTERSCHIEDLICHE KONTAKTPUNKTE DER LONGE

Die Stellung und die daraus resultierende Biegung kann ergänzend zu den treibenden Hilfen über den mittleren Kappzaumring abgerufen werden. Durch die mittige Ringaufhängung wird ein gleichmäßiges Bewegen des Schädels ermöglicht. Das wiederum verhindert ein Verwerfen, also ein Rotieren im falschen Abschnitt der Halswirbelsäule. Außerdem ermöglicht uns die rückwärtslaufende Frontposition, nicht nur einen seitlich lösenden Impuls zu vermitteln, sondern durch die Handführung des Ausbilders auch die Ausführung einer Parade. Durch diese wird ein Großteil der Pferdekörpermasse in Richtung Hinterhand verlagert. Sie entfaltet nur dann ihre gesamte Wirkung, wenn Sie einen geraden Eingangswinkel erfährt. Das bedeutet, dass die Handeinwirkung des Ausbilders einen geraden Impuls auf den Nasenrücken vermitteln muss.

Dieser gerade Impuls ist möglich, solange der Ausbilder in der Frontposition bleibt, dann wird seine Hand direkt mittig vor dem Kopf des Pferdes geführt. Entsteht während der Crossover-Arbeit jedoch ein Positionswechsel in Richtung Langzügelarbeit, so ist dieser gerade Paradenimpuls nicht mehr eindeutig zu vermitteln, weil nun die Hand des Ausbilders zum einen sehr weit weg vom Pferdekopf ist und zum anderen genau am anderen Ende des Pferdekörpers gearbeitet wird. Somit hat sich der Einwirkungswinkel um 180 Grad verändert, und damit auch die Einflussmöglichkeit der Longe.

Aus diesem Grund wird dem Ausbilder in der Langzügelposition durch den Halfterring ein wesentlich besserer Einwirkungswinkel geboten, der sehr gleichmäßig und gerade auf dem Nasenrücken des Pferdes endet. Ein klarer Nachteil des unteren Ringkontaktes ist die fehlende Einwir-

Die Crossover-Arbeit verlangt Sicherheit in der Hilfengebung

kung auf die Stellung und damit auch auf die Biegung des Pferdes. Am Ring des Kinnriemens kann keine exakte Stellung und Platzierung des Schädels vorgenommen werden. Jegliche seitliche Einwirkung würde zu einem Verkanten führen und das korrekte Ausrichten des Unterkiefers unter den Querfortsatz des ersten Wirbels der Halswirbelsäule unmöglich machen.
Hat das Pferd jedoch im Laufe der Ausbildung am mittleren Kappzaumring verstanden, wie es auf die Körper-, Gerten- und Longensignale zu reagieren hat, wird es auch jederzeit möglich sein, am unteren Ring korrigierend auf die Form des Pferdes einzuwirken.
Ein weiteres wichtiges Hilfsmittel ist die Longe oder das Kommunikationsseil. Dabei ist zu beachten, dass die Länge an das jeweilige Pferd angepasst sein muss. Es muss sichergestellt werden, dass genügend Spielraum vorhanden ist, um problemlos hinter dem Pferd her zu gehen, ohne es dabei in der Bewegung zu stören oder Unsicherheiten auszulösen. Außerdem muss ein Übergang zum Longieren jederzeit möglich sein.

Ein weiteres sehr wichtiges Zubehör im Zusammenhang mit dem Crossover ist die Gerte. Da die Gerte mehrere Funktionen übernimmt, gehört sie somit zur Standardausrüstung. Sie ist viel mehr als nur das treibende Werkzeug für mehr Tempo. Die Gerte wird bei der Crossover-Arbeit zum absoluten Multitalent, das viele Aufgaben und zugleich viel Verantwortung übernimmt.

MERKE

Die Arbeit am Halfterring des Kappzaums dient auch zur Überprüfung, ob die Hilfen verständlich vermittelt wurden. Kann in jeglicher Situation über die Platzierung der Hinterhand das Pferd in eine gestellte und gebogene Form gearbeitet werden, so sind alle Grundeinwirkungen korrekt vermittelt worden. Wird die Hand am Kappzaumring noch dringend benötigt zum Erhalt der Form, so ist der Zeitpunkt für eine Führung am Halfterring noch nicht gekommen.

Einsatz der Gerte

Die Gerte übernimmt die Aufgaben
- der vorwärtstreibenden Schenkelhilfe
- der biegenden Schenkelhilfe
- der vorwärts-seitwärts wirkenden Schenkelhilfe
- der äußeren Schenkelhilfe
- der schulterführenden Zügelhilfe
- der stellung-begrenzenden Zügelhilfe
- der einrahmenden Wirkung. Ersatz des fehlenden zweiten Langzügels

sowie weitere Hilfsmöglichkeiten, die im Laufe der Ausbildung relevant werden.

SINN UND ZWECK DER CROSSOVER-ARBEIT

Auch für uns Menschen ist diese Art der Ausbildung geistig recht anstrengend, aber damit übt sie auch einen gewissen Reiz aus. Das Pferd macht jede kleine Konzentrationsschwäche schnell sichtbar, und das aktive Mitlaufen in den drei Grundgangarten setzt ein gehobenes Maß an Fitness beim Ausbilder voraus. Weiterhin ist es unglaublich spannend, denn trotz der reduzierten Hilfen kann der Ausbilder zu einer großen Wirkung gelangen. Dabei spielt die Leichtigkeit innerhalb der Arbeit eine wichtige Rolle. Nur wenn das Pferd leicht an den Hilfen steht und absolut durchlässig und ohne Widerstände auf seinen Ausbilder reagiert, ist die Crossover-Arbeit möglich. Gleichzeitig ist sie ein guter Prüfstein dafür, inwieweit ein Pferd tatsächlich an den Hilfen steht. Es ist notwendig, die Hilfen auf ein Minimum zu reduzieren, denn ein zu großer Einsatz der Hilfen zerstört die Verbindung zum Pferd.
Sie werden immer wieder aufs Neue überrascht werden, wie viel die Pferde verstehen und erkennen, ohne dass der Mensch bewusst dazu auffordern muss. Durch die Crossover-Arbeit bekommen Sie die Möglichkeit, eine besonders enge Beziehung aufzubauen, für die es nicht viele Hilfen und Worte braucht, um sich seinem Gegenüber mitzuteilen.
Inzwischen finden immer mehr Menschen eine Alternative in der Arbeit am Boden, um sich sinnvoll mit ihren Pferden zu beschäftigen.

INTERESSANT FÜR MENSCH UND PFERD

Durch die große Vielfalt an Führpositionen und den damit verbundenen Möglichkeiten, auf den gesamten Körper des Pferdes einzuwirken, steht die Crossover-Arbeit dem Reiten in nichts nach. Genau diese Vielfalt an Führpositionen macht den Crossover so effektiv. Der Ausbilder kann immer genau dort stehen, wo es ihm am sinnvollsten erscheint. Beispielsweise kann ein Ausfallen der Hinterhand jederzeit vermieden werden, indem sich die Führposition nach außen neben das Pferd ausrichtet. Von dort aus kann nicht nur die äußere Schenkelhilfe besser simuliert werden, sondern die gesamte Körpersprache und Präsenz des Ausbilders wird ebenfalls Unterstützung bieten. Benötigt das lernende Pferd noch viel Unterstützung durch die treibende Hilfe des Ausbilders, seine Hinterhand aktiv unter den Schwerpunkt zu setzen, so kann das Positionieren des Ausbilders hinter oder direkt neben die Hinterhand besonders hilfreich sein. In direkter Nähe zu den Hinterfüßen kann die gesamte Hinterhand des Pferdes problemlos unterstützt werden.
In vielen Fällen bietet die Crossover-Arbeit dem Pferd auch wesentlich mehr Ruhe und Wohlbefinden bei der Arbeit, da der Mensch nicht in direkter Nähe des Kopfes steht. Besonders in der Langzügelposition wirkt sich die veränderte Situation sehr positiv auf die Nachgiebigkeit im Genick aus. Häufig entsteht durch das Longieren ein gewisser Widerstand im Genick. Dieser Widerstand kann zustande kommen, weil der Mensch mit seiner Körpersprache zu intensiv seitlich vom Auge des Pferdes einwirkt und damit eher ein Schutzverhalten des Pferdes hervorruft, welches sich in einem Wegneigen des Schädels widerspiegelt. Bei diesem Verhalten wird der Ausbilder den Unwillen deutlich durch die Longe in seiner Hand spüren können. Eine weitere Schwierigkeit kann das Treiben mit der Gerte sein, die beim Longieren seitlich vom Pferd ausgerichtet wird. Häufig weicht das Pferd der seitlich treibenden Gertenhilfe aus, dadurch wird das richtige Einwirken mit der Longe verhindert. In dieser Situation wird der Wechsel zur Langzügelführung eine sofortige Veränderung der vorwärtstreibenden Hilfe hervorrufen.

IDEEN FÜR DIE CROSSOVER-ARBEIT

Zum besseren Verständnis gehen wir bei der weiteren Erklärung entlang der gymnastizierenden Bodenarbeitsmethoden, die wir in diesem Buch bereits aufgeführt haben. Somit fängt alles rückwärtslaufend vor dem Kopf des Pferdes an. Die erste Überquerung wird in Richtung Longieren sein. Ein fließender Wechsel von der rückwärtslaufenden Frontposition zum Longieren bildet die notwendige Zwischenstation für weitere Überquerungen.

Das fortgeschrittene Longieren schafft nun die Grundlage für das Crossover in Richtung Hinterhand. Somit findet die nächste Überquerung in Richtung innere Hüfte des Pferdes statt. Dabei geht der Ausbilder auf die Hinterhand des Pferdes zu und platziert sich direkt neben der inneren Hüfte des Pferdes. Auf dieser Hüfthöhe des Pferdes ist die erste Langzügelposition erreicht. Insgesamt werden drei verschiedene Langzügelpositionen möglich sein.

Die zweite Langzügelhaltung befindet sich direkt hinter dem Schweif des Pferdes. Stellt sich der Ausbilder außen neben die Hinterhand des Pferdes, so entsteht die letzte Langzügelposition. Im weiteren Verlauf wird die Langzügelhaltung überquert und der Ausbilder gelangt außen neben dem Bauch in eine Position ähnlich der Handarbeit. Die letzte Führvariante befindet sich auf Höhe der äußeren Halsseite des Pferdes. Diese Position bildet somit den Abschluss, bevor der Ausbilder entweder zurück zur rückwärtslaufenden Frontposition gelangt oder den gleichen Weg zurück zur Longenposition geht.

TRAININGSTIPP

Wie heißt es doch sehr richtig: „Immer langsam mit den jungen Pferden"! In diesem Sinne sollten Sie mit dem Crossover nicht zu stürmisch beginnen. Es sieht spielerisch aus, wenn Mensch und Pferd fließend im Crossover arbeiten. Doch es steckt viel Ausbildung dahinter.

Immer genau dort zu stehen, wo es am sinnvollsten erscheint – das macht die Arbeit im Crossover aus.

BRYDEE

Viel habe ich bis hierhin von meinen Hengsten oder Wallachen berichtet. Aber natürlich ist die Bodenarbeit unabhängig vom Geschlecht. Über viele Jahre hinweg hat Brydee, eine Tinker-Stute, unseren Schülern als Lehrpferd den Weg in die Reitkunst geebnet, sowohl in der Bodenarbeit als auch unter dem Sattel. Sie war immer eine zuverlässige Lehrerin und bei allen sehr beliebt.
All unsere Lehrpferde sind von mir selbst ausgebildet worden, doch bei Brydee gab es noch eine weitere Besonderheit: Sie ist sogar auf unserem Hof geboren. Ich könnte jetzt von einem gewünschten Zuchtziel sprechen, aber dem war nicht so. Brydee ist mehr das Produkt einer großen Liebe, die auf See – an Bord eines Transportschiffes –ihren Anfang fand und auf dem Moorhof endete. Brydees Mutter Morgana und der „Wallach" Bongy kamen direkt aus Irland zu uns auf den Moorhof. Beide waren mit vollen Papieren und Gesundheitszeugnis ausgestattet, und da sie unendlich müde und hungrig von der Reise waren, durften sie erst einmal in ihren Stall.
Am nächsten Morgen erfolgte ein kurzer Gesundheitscheck, die Stute kurz abgehört, beim Wallach einmal gebückt und unter den Bauch geschaut. Nichts „Wichtiges" sichtbar und sie durften auf die Koppel, allerdings erst einmal auf eine von der übrigen Herde getrennte Wiese zur Beobachtung. Nach einer kurzen Eingewöhnungsphase sollten beide nun in unsere gemischte Herde integriert werden. Bongy der Wallach zeigte sich als sehr unsicher und den Menschen nicht sonderlich zugetan. Zudem war er in keinem guten Futterzustand. Aus diesem Grund bat ich unsere Auszubildende „Pferdewirtin Zucht und Haltung" Conny, ihn besonders im Auge zu behalten.
Als es nun daranging, die Pferde umzustellen, kam Conny ganz aufgeregt angerannt mit der Nachricht, dass etwas nicht stimmen würde. Tatsächlich hatte sie recht, denn bei genauem Hinschauen zeigte sich: Der junge Wallach war ein junger Hengst. Natürlich handelten wir sofort und trennten die beiden Pferde, aber wie so oft im Leben „zu spät gekommen"... Kurze Zeit später stellte sich heraus, dass Morgana bereits auf dem Schiff gedeckt worden war. Elf Monate später kam Brydee auf die Welt.

Brydee, das Kind einer besonderen Liebesgeschichte!

Der Crossover bereitet Pferd und Mensch bestens auf das Langzügel-Training vor.

AM LANGEN ZÜGEL

Aus der Crossover-Arbeit ergibt sich automatisch die Arbeit am langen Zügel. Die Crossover-Arbeit schult Mensch und Pferd, sich unabhängig von der jeweiligen Einwirkung der Hand in unterschiedlichen Positionen zu bewegen – eine sehr wichtige Voraussetzung für eine erfolgreiche und vor allem harmonische Arbeit am langen Zügel. Nur zu schnell entsteht bei der Arbeit am langen Zügel ein reines Lenken und Formen mittels der beiden langen Zügel. Bedingt durch den großen Abstand zum Kopfbereich des Pferdes gibt es häufig weitere Schwierigkeiten bei der korrekten Vermittlung von Handimpulsen.

Aus diesem Grund empfiehlt es sich, zunächst mit nur einem langen Zügel, wie es bei der Crossover-Arbeit der Fall ist, zu arbeiten. Dabei wird besonders die Einwirkung durch die Körpersprache geschult und ein Bewusstsein dafür geweckt. Denn die beiden Langzügel sollten nicht eingesetzt werden, ohne dabei die Körpersprache und sekundäre Hilfen zu verwenden.

Die Arbeit am langen Zügel hat Ähnlichkeiten mit dem einhändigen Reiten. Versucht ein Reiter zum ersten Mal, mit einer Hand sein Pferd zu reiten, so wird er schnell feststellen, dass dies durchaus anders ist. Man fühlt sich zurückversetzt in die erste Reitstunde seines Lebens, weil plötzlich nichts mehr funktioniert. Das einhändige Reiten und die Crossover-Arbeit schaffen aber ein hervorragendes Bewusstsein für den Sitz bzw. die Wirkung der Positionen bei der Bodenarbeit. Klappt das, so wird die Arbeit mit zwei langen Zügeln ein Kinderspiel werden.

Zwei lange Zügel haben ihren Reiz, und bringen auch Vorteile mit sich. So kann beispielsweise durch das Anlegen der seitlich verlaufenden Zügel der gesamte Körper des Pferdes vermehrt eingerahmt werden. Das schafft Stabilität. Ein Wechseln zwischen den verschiedenen Biegungsrichtungen ist wesentlich schneller ausführbar, ohne zwangsläufige Veränderung der Position. Besonders bei häufigen Handwechseln, wie sie beispielsweise in der Übung „Schlangenlinien durch die Bahn“ entstehen, kann besser auf die Geschmeidigkeit des Pferdes eingewirkt werden. Die Lektionen, bei denen ein ständiger Biegungswechsel notwendig ist, profitieren ebenfalls davon. Hier sind die fliegenden Wechsel im Galopp zu nennen, die am langen Zügel wesentlich besser auszuführen sind als im Crossover mit einem langen Zügel.

LIBERTY
— *Gymnastizierende Freiarbeit*

Es ist eine faszinierende Beschäftigung, das Pferd in allen Grundgangarten ohne Zäumung zu gymnastizieren.

GEMEINSAM AUF EHRENWORT

Ich möchte mein Buch noch nicht beenden, bevor ich Ihnen eine weitere faszinierende Art der Bodenarbeit vorgestellt habe.

Wir alle streben nach der größtmöglichen Harmonie zwischen uns und unserem vierbeinigen Freund. Manchmal ist es empfehlenswert, die Beziehung zu Ihrem Pferd auf die Probe zu stellen, um eine andere Ebene der feinen Kommunikation zu erreichen. Wenn Sie Ihre Hilfsmittel auf ein Minimum reduzieren, und damit Ihrem Pferd freie Entscheidung überlassen, ob es mit Ihnen eine gemeinsame Zeit verbringen möchte, werden Sie ein aussagekräftiges Feedback über die Verbindung zu Ihrem Pferd erhalten.

Der in diesem Buch erklärte Aufbau in der Bodenarbeit ermöglicht es Ihnen, eine gymnastizierende Freiarbeit auszuführen, mit allen Elementen der Reitkunst.

Haben Sie sich dieses Buch lesend vielleicht die Frage gestellt, warum das anfängliche Führtraining so ausführlich beschrieben wurde, so wird es Ihnen spätestens bei der Freiarbeit immer klarer. Natürlich profitieren alle Varianten der Bodenarbeit davon, aber nur die Freiarbeit wird den Erfolg des langen Weges so intensiv überprüfen und Ihnen den Spiegel so vorhalten. Hier zeigt sich deutlich, wie sicher Sie das Pferd über Ihre Körpersprache und Signale führen können und wie stark die entwickelte Verbindung ist. Kein Zaumzeug kann nun mehr helfen, kleine Beziehungsprobleme zu kaschieren.

Die erste große Hürde, die es zu überwinden gilt, ist die eigene Unsicherheit, ob es wirklich klappen kann! Beginnt man zum ersten Mal mit der Freiarbeit, ist es ganz normal, in Frage zu stellen, ob mein Partner Pferd auch wirklich bei mir bleiben wird. Aber allein durch diese Fragestellung geht ein Impuls durch unseren Körper, den wir kaum wahrnehmen – unser Pferd aber durchaus. Aus genau diesem Grund klappt es dann nicht. Lassen Sie sich nicht davon abschrecken! Denken wir immer wieder daran, dass wir einen Körpersprache-Spezialisten als guten Freund gewählt haben, welcher unsere Gefühle und Signale besser deuten kann, als wir es je können werden.

Ich möchte Sie ermutigen, sich auch mal in neue, vielleicht auch unsichere Gefilde zu wagen. Sich trauen und vertrauen! Vor Beginn ein sicheres Umfeld schaffen, um dann mit viel Gefühl einen neuen Weg der gemeinsamen Arbeit zu beschreiten. Es ist ein unglaubliches Erlebnis, wenn Ihr Pferd freiwillig, ohne jeglichen Zwang, nicht nur um Sie herumläuft, sondern die Zusammenarbeit sucht und Sie Lektionen abrufen können.

Im versammelten Galopp eins werden mit seinem Pferd

Das Schulterherein ist auch in der Freiarbeit möglich, ebenso …

… wie das Kruppeherein

»Es liegt in unserer Verantwortung, wenn wir ein Bündnis mit unseren Pferden schließen wollen, welches ein Leben lang hält.«

Marius Schneider

Auf Ehrenwort zusammen sein

ARAMIS

In diesem Zusammenhang möchte ich Ihnen noch eine meiner kleinen Geschichten der Ausbildung erzählen. Aramis hat bereits eine Story in diesem Buch bekommen. Da er zu einer meiner schwierigsten Ausbildungs-Herausforderungen gehört hat, widme ich ihm gern eine weitere Geschichte. Ich könnte über dieses Pferd viele Geschichten erzählen, so speziell ist es, aber wir wollen auch nicht übertreiben ... Aramis ist der Grund, warum ich mich immer intensiver mit der Freiarbeit beschäftigt habe und mich für die gymnastizierende Freiarbeit so begeistern kann.

Sein mangelhaftes Exterieur hat mich vor viele Schwierigkeiten gestellt und sein unsicheres Wesen auf einen Pfad der unendlichen Geduld geschickt. Hauptsächlich gab es viele Unsicherheiten bei der Formgebung. Aramis passt nicht besonders gut in das Standard-Regelwerk für Ausbildung, in dem mal kurz nachgeschlagen werden kann. So war auch die Entwicklung seiner Anlehnung beziehungsweise Form sehr schwierig und hat mich oft verunsichert. Die Freiarbeit hat mich dazu gebracht, etwas genauer auf ihn zu hören und auf seine Interpretation einer geeigneten Haltung einzugehen, anstatt ihm meine Idee aus vielen Jahren Ausbildung vorzugeben.

So fing ich an, alle Seitengänge in allen Grundgangarten in der Freiarbeit zu entwickeln. Mein Ziel war es, die daraus entstandene Haltung mit der Haltung zu vergleichen, die mit einer Zäumung erreicht worden wäre. Ich bin noch weitergegangen und habe versammelte Übungen, wie beispielsweise Schulparaden, Piaffen, Levaden und fliegende Wechsel in der Freiarbeit entwickelt, um mehr über die Möglichkeiten der freien Entscheidung zu lernen. Aramis blühte immer mehr auf und ich konnte für meine Arbeit mit Zaum eine Menge lernen. Heute arbeite ich ihn sowohl in Liberty, als auch weiterhin am Kappzaum, bis zu den Schulen über der Erde. Er gehört mit zu den besten Lehrmeistern, die ich bisher erleben durfte.

DIE ETWAS ANDERE DANKSAGUNG

Häufig werde ich gefragt, wann mein erster Kontakt mit einem Pferd war oder wie ich überhaupt ans Reiten gekommen bin. Die Antwort lautet immer gleich: „Ich saß schon vor meiner Geburt auf dem Pferd", denn ich hatte das große Glück, in einer pferdeverrückten Familie aufzuwachsen. Viele Pferde und Ponys standen auf unseren Koppeln und so lernte ich früh, wie sie sich im Herdenverband verhalten und wie ganz unterschiedlich sie miteinander kommunizieren. Unsere Pferde waren dabei stets Familienmitglieder und keine Arbeitsgeräte. Dieser Ideologie meiner Familie habe ich es auch zu verdanken, dass mich von Anfang an sehr gute Lehrer auf meinem reiterlichen Weg begleitet haben.

So kam es, dass ich schon sehr früh Bent Branderup und die Akademische Reitkunst kennenlernen durfte. Die Akademische Reitkunst, das damit verbundene Wissen und die Art der Ausbildungsvielfalt haben mich dabei besonders fasziniert. Das hat sich bis heute nicht geändert. Es folgten weitere Jahre der Ausbildung bei renommierten Reitern/Ausbildern und viele Reisen in Sachen Pferd. Dabei durfte ich auch viele andere Reitweisen und Ideologien kennenlernen. Die dabei gemachten Erfahrungen haben mich inspiriert und mir ermöglicht, meinen eigenen Weg zu finden. Aber auch jeder einzelne Schüler mit seinem Pferd war ein Lehrer und hat mir dabei geholfen, immer mehr zu sehen und zu erkennen. Es ist nicht möglich, jedem einzelnen Wegbegleiter namentlich zu danken, aber ich weiß zu schätzen, dass ich jedem Einzelnen einen Teil meines heutigen Wissens zu verdanken habe.

Aber ich muss auch meinen Pferden und den vielen Trainings-Pferden danken, denn sie waren die geduldigsten meiner Lehrmeister und haben mich immer wieder zurück auf den Pfad der Akademischen Reitkunst geführt, der noch lange nicht enden wird.

Ein weiterer Dank gilt dem Verlag, der Lektorin und all denen, die an der Umsetzung des Buches beteiligt waren und dabei immer ein offenes Ohr für meine Ideen hatten.

Ganz besonders danke ich auch meinem Herzensmenschen auf diesem Weg, der auf meine ständig neuen Projekte immer ein liebevolles „passt scho" als Antwort hat.

Ich wünsche Ihnen viele wunderschöne Momente mit Ihrem Pferd!

SERVICE

— *Zu guter Letzt*

ZUM WEITERLESEN

Binder, Sibylle L.: **Pferderassen**, Herkunft und Eignung, Temperament und Wesen; KOSMOS 2020
Die Vielfalt der Pferderassen ist groß und jede Rasse hat ihre Liebhaber. Sibylle Luise Binder gibt Einblicke in die Besonderheiten der Rassen und stellt herausragende Vertreter in kurzen Porträts vor. Wunderschöne Fotos laden dazu ein, sich nicht nur mit der eigenen Lieblingsrasse zu befassen, sondern auch über die Pferde anderer Länder und Zuchten zu lesen.

Binder, Sybille Luise: **Die Flucht der Trakehner**; KOSMOS 2019
Trakehnen im Sommer 1944. Auf dem berühmten Gestüt trifft man Vorbereitungen für die Flucht. Jesco von Esten, gerade schwer verletzt aus dem Krieg zurückgekehrt, soll eine 50-köpfige Trakehner Stutenherde nach Westen bringen. Auf dem Rücken seines Hengstes Preußenlied führt er seinen Treck bei eisiger Kälte über das gefrorene frische Haff... Hochspannend und mit historischen Fakten schildert Sibylle Luise Binder die legendäre Flucht der Trakehner, auf der Pferde und Menschen sich gegenseitig das Leben retteten und zu einer Einheit wurden.

Branderup, Bent: **Die Logik hinter den Biegungen**, Gustav Steinbrecht neu erklärt; KOSMOS 2016
Gustav Steinbrechts Buch „Das Gymnasium des Pferdes" war ein bahnbrechendes Werk zur Pferdeausbildung. Bent Branderup, Großmeister der Reiterei, erklärt, wie das historische Wissen auch heute noch für die Ausbildung von Pferd und Reiter genutzt werden kann und welche Erkenntnisse mit der modernen Forschung zur Biomechanik des Pferdes vereinbar sind.

Charles, Iris: **Fit aufs Pferd**; Kraft, Koordination, Körperspannung; KOMOS 2021
Nicht nur die Fitness des Pferdes, sondern auch Kondition und Koordination des Reiters entscheiden darüber, ob das Pferd-Reiter-Paar harmoniert und wie gut die Hilfengebung klappt. Dieses Buch zeigt, welche Muskeln für Reiter wichtig sind, wie Reiter beweglich und dennoch stabil im Sattel sitzen und mit welchen Übungen sich Sitzprobleme aus der Welt schaffen lassen. Mit Fitnesstest und einfachen 7-Minuten-Workouts, speziell für Reiter!

Gösmeier, Dr. med. vet. Ina: **Die fünf Pferdetypen in der Traditionellen Chinesischen Medizin**; KOSMOS 2019
Aus der Sicht der TCM haben Krankheiten oder Verhaltensstörungen immer einen körperlichen und einen mentalen Aspekt. Physische und psychische Probleme stehen in Verbindung zueinander. Die Traditionelle Chinesische Medizin behandelt deshalb immer ganzheitlich. In diesem Ratgeber beschreibt die renommierte Tierärztin Dr. Ina Gösmeier die fünf Pferdetypen und ihre individuelle Behandlung. Der Leser lernt, sein Pferd einem Typ zuzuordnen, und erfährt, wie er gesundheitliche Symptome und Verhaltensprobleme seines Pferdes lösen kann.
Extra: TCM-Kräuter-Rezepturen, Akupressur und viele Fallbeispiele.

Higgins, Gillian: **Anatomie verstehen – besser reiten**, Bewegungsabläufe und Biomechanik sichtbar gemacht; KOSMOS 2019
Welche Belastung tragen die Gelenke in der Trabverstärkung? Warum ist es für die Wirbelsäule so wichtig, dass das Pferd über den Rücken läuft? In diesem Buch werden die Bewegungsabläufe des Pferdes beim Reiten sichtbar. Die Muskeln und Knochen sind direkt auf das Pferd gemalt. Durch diese einzigartig anschauliche Darstellung werden die Bewegungen aus anatomischer Sicht verständlich und nachvollziehbar.

Lubetzki, Marc: **Im Kreis der Herde,** Von wilden Pferden lernen; KOSMOS 2019
Tierfilmer Marc Lubetzki beobachtet und filmt seit 2012 ausschließlich Wildpferde. Wie er das Vertrauen der Tiere gewinnt, und welche Schlüsse er aus seinen einzigartigen Beobachtungen zieht, beschreibt er in diesem Buch. Es gelingt ihm, Missverständnisse wie z. B. die Leithengst-Lüge aufzuklären und dadurch neue Anregungen für die Haltung und den Umgang mit Hauspferden zu geben.

Obst, Katrin: **Fitnessstudio für mein Pferd**; KOSMOS 2018
Faszientraining, Muskelaufbau, Balance und Koordination – mit diesem umfassenden und abwechslungsreichen Physioprogramm für Pferde gelingt es, Verspannungen, Rückenleiden und anderen Beschwerden gezielt vorzubeugen. Das Ganzkörpertraining der erfahrenen Pferde-Physiotherapeutin Katrin Obst stärkt die Tiefenmuskulatur, verbessert die Beweglichkeit und hilft, Blockaden und Muskelprobleme zu vermeiden. Alle Übungen und Parcours werden detailliert beschrieben, sodass das Training auch ohne professionelle Assistenz durchgeführt werden kann.

Obst, Katrin: **Fit mit Obst**, Noch mehr Übungen aus dem Fitnessstudio; KOSMOS 2020
Obst macht gesund! Von diesem Motto der „hundkatzemaus"-Expertin Katrin Obst profitieren nicht nur Pferde, sondern auch Reiterinnen und Reiter. Denn die Ausbildung der richtigen Muskulatur, das Training der Faszien und die Dehn- und Biegefähigkeit sind für Tier und Mensch gleichermaßen wichtig. Mit Fitness-Übungen wie Aquafitness, Pole-Dance oder Yoga für Pferde zeigt Katrin Obst, wie viel Spaß ein gutes Training dem ganzen Pferd-Mensch-Team machen kann.

Ochsenbauer, Ute: **Homöopathie für Pferde**, Pferdegesundheit kompakt; KOSMOS 2020
Im akuten Krankheitsfall hilft dieser Kompaktratgeber dem Pferdebesitzer bei der schnellen und sicheren Diagnose, der Wahl des passenden homöopathischen Mittels und der richtigen Verabreichung. Übersichtliche Kapiteleinteilung nach Körperbereichen, Gliederung nach Symptomen, schnelle Informationsentnahme durch tabellarischen Aufbau, ausführliche Übersicht „Homöopathische Mittel von A-Z".

Schulte Wien, Beatrix; Keller, Irina: **Osteopathie für Pferde**, Wissen, Spüren, Behandeln; KOSMOS 2019
Bewegungsprobleme beim Pferd werden oft nicht erkannt oder falsch beurteilt und können schnell zu dauerhaften Schäden führen. Deutschlands bekannteste Pferde-Osteotherapeutin Beatrix Schulte-Wien zeigt in ihrem Buch, wie man sein Pferd mithilfe der Osteopathie gesund und leistungsfähig erhalten kann.

Wilsie, Sharon/Vogel, Gretchen: **Sprachkurs Pferd**, Pferdesprache lernen in 12 Schritten; KOSMOS 2018
Jedes Zucken von Ohr oder Nüster, jede Bewegung des Pferdes hat eine Bedeutung. Pferde reden mit uns, doch die meiste Zeit übersehen wir diese Signale. Mit diesem Übersetzungshelfer lernen wir, die Sprache unserer Pferde zu verstehen und uns mit ihnen so zu unterhalten, dass sie unsere Wünsche verstehen und sich verstanden fühlen.

Wilsie, Sharon: **Mit Pferden sprechen**, Erfahrungen aus dem Alltag mit Pferden; KOSMOS 2019
Viele Geschichten und Fallbeispiele zeigen, wie die bahnbrechende Methode von Sharon Wilsie im Alltag funktioniert und wie wir Pferdesprache im Umgang mit dem Pferd – am Boden oder im Sattel – richtig einsetzen. So kann zu jedem Pferd eine vertrauensvolle Beziehung aufgebaut werden.

NÜTZLICHE ADRESSEN

Marius Schneider
Gestüt Moorhof
Bechtrup 63
D-59348 Lüdinghausen
Tel. +49-(0)2591-8932741
gestuet-moorhof.de
online-reitschule.de
reitkunst-events.de

Deutsche Reiterliche Vereinigung e. V. (FN)
Freiherr-von-Langen-Str. 13
D-48231 Warendorf
Tel. +49-(0)2581-63620
pferd-aktuell.de

Vereinigung der Freizeitreiter und -fahrer in Deutschland (VFD)
Christiane Ferderer
Zur Poggenmühle 22
D-27239 Twistringen
Tel. +49-(0)4243-942404
vfdnet.de

Österreichischer Pferdesportverband (OEPS)
Geiselbergstraße 26-32/Top 512
A-1110 Wien
Tel. +43-(0)1-7499261
oeps.at

Schweizerischer Verband für Pferdesport (SVPS)
Papiermühlestr. 40 H, Postfach 726
CH-3000 Bern 22
Tel. +41-(0)31-3354343
fnch.ch

REGISTER

BILDNACHWEIS

Mit 154 Farbfotos von Céline Rieck

Weitere Fotos sind von Carina Dörfler (S. 14, 15, 37, 52, 121, 122, 146, 159), Gabriele Metz (S. 5, 22, 26, 27, 29, 30, 31, 60 l., 60 r., 65 o., 65 M., 65 u., 70 o., 70 u., 71, 75, 80, 91 o., 91 u., 97, 127, 160), Nadine Nover (S. 23, 148, 150) und Niels Stappenbeck (S. 11).

IMPRESSUM

Umschlaggestaltung von **die basis, Wiesbaden** unter Verwendung von zwei Farbfotos von Céline Rieck.

Mit 188 Farbfotos

Alle Angaben und Methoden in diesem Buch sind sorgfältig recherchiert, erwogen und geprüft. Sie entbinden den Pferdefreund nicht von der Eigenverantwortung für sein Tier und sich selbst. Die Anwendung der beschriebenen Methoden liegt in eigener Verantwortung. Der Verlag und der Autor übernehmen keine Haftung für Personen-, Sach- oder Vermögensschäden, die aus der Anwendung der vorgestellten Materialien und Methoden entstehen.

Unser gesamtes Programm finden Sie unter **kosmos.de.**
Über Neuigkeiten informieren Sie regelmäßig unsere
Newsletter, einfach anmelden unter **kosmos.de/newsletter**

Gedruckt auf chlorfrei gebleichtem Papier

ISBN 978-3-440-16977-3
Redaktion: Birgit Bohnet
Gestaltung und Satz: Atelier Krohmer, Dettingen/Erms
Produktion: Claudia Frank
Druck und Bindung: FIRMENGRUPPE APPL, aprinta druck, Wemding
Printed in Germany / Imprimé en Allemagne

FSC
www.fsc.org
MIX
Papier aus verantwortungsvollen Quellen
FSC® C004592

Möchten Sie mehr über meine Arbeit mit den Pferden erfahren, folgen Sie mir auf
Marius Schneider-Gestüt Moorhof
marius_schneider_moorhof
www.gestuet-moorhof.de
www.online-reitschule.de